建筑工程经济

主 编 丁 洁 高德昊 刘昌斌

北京理工大学出版社
BEIJING INSTITUTE OF TECHNOLOGY PRESS

内 容 提 要

本书针对高等教育的特点及人才培养的要求，结合近几年来我国建筑工程经济管理工作实际进行编写。全书共分为7个项目，主要内容包括建筑工程经济概述、资金时间价值计算、工程项目经济效果评价指标体系、投资方案的选择、工程项目风险与不确定性分析、建筑设备技术经济分析、价值工程及其在建筑工程中的应用等。

本书结构合理、知识全面，可作为高等院校土木工程类相关专业的教材，也可作为注册建造师、注册造价工程师等相关执业资格考试的参考教材。

图书在版编目（CIP）数据

建筑工程经济 / 丁洁，高德昊，刘昌斌主编.—北京：北京理工大学出版社，2020.6
ISBN 978-7-5682-8158-4

Ⅰ.①建… Ⅱ.①丁… ②高… ③刘… Ⅲ.①建筑经济学－工程经济学－高等学校－教材 Ⅳ.①F407.9

中国版本图书馆CIP数据核字（2020）第023142号

出版发行 / 北京理工大学出版社有限责任公司
社　　址 / 北京市海淀区中关村南大街5号
邮　　编 / 100081
电　　话 / （010）68914775（总编室）
　　　　　 （010）82562903（教材售后服务热线）
　　　　　 （010）68948351（其他图书服务热线）
网　　址 / http://www.bitpress.com.cn
经　　销 / 全国各地新华书店
印　　刷 / 天津久佳雅创印刷有限公司
开　　本 / 787毫米×1092毫米　1/16
印　　张 / 9.5　　　　　　　　　　　　　　　责任编辑 / 杜海洲
字　　数 / 206千字　　　　　　　　　　　　　文案编辑 / 杜海洲
版　　次 / 2020年6月第1版　2020年6月第1次印刷　责任校对 / 周瑞红
定　　价 / 52.00元　　　　　　　　　　　　　责任印制 / 边心超

图书出现印装质量问题，请拨打售后服务热线，本社负责调换

前　言

本书从经济学的角度分析建筑工程项目，目的是保证建筑工程项目的经济效益。本书编写过程中注重实用性和实践性，同时，也结合了编者近几年来的教学实践经验，对内容的安排和项目任务的设置进行了仔细筛选。本书编写的基本体系是：融合了建造师执业资格考试和"以能力为本位，以应用为目的"的教学目标，使二者浑然成为一体，进而达到全面培养和提升学生基本技能的目的。

本书的编写思想体现了任务驱动、行为导向的教学模式，每一个任务都是按照统一的模式进行安排，内容深入浅出、图文并茂，在有些任务中还增加了必要的工程实例，以尽量突出其实用性和可操作性。书中理论知识部分选择的基本原则是：必需、够用、兼顾后续发展，尽量避免内容多而杂，缺乏重点。在内容的选择上，力求将建筑工程经济常用的分析方法与高等院校教学改革的需要结合起来，目的是使其更具有针对性，更加适应高等教育教学的实际，同时，也体现了相关专业教学计划对本课程的要求。

本书由丁洁、高德昊、刘昌斌担任主编。具体编写分工如下：项目2、项目3、项目4由丁洁编写；项目1、项目5、项目6、项目7由高德昊编写；刘昌斌负责部分案例的编写。全书由丁洁完成统稿。在本书编写过程中，参考了很多专家学者的相关资料并引用了其内容，在此表示由衷的感谢。

由于时间紧，加之编者水平有限，书中若有不妥或谬误之处，敬请广大读者批评指正，以求不断完善。

编　者

目 录

项目 1　建筑工程经济概述

任务 1.1　了解建筑工程经济

在日常生活中选购商品，在满足功能的同时，人们总是愿意购买价格便宜的商品，即经济上最为合理。同样，在工程实践中，工程技术人员也会面临多种设计方案、多种工艺流程方案的选择问题；工程管理人员会遇到投资决策、生产计划、安排投资等多种问题，而解决这些问题也有多种方案可供选择。由于技术上可行的各方案可能涉及不同的投资、费用和收益，因此需要对这些方案进行比较，选择经济上更为合理的方案，这就是工程经济学需要解决的问题。

工程经济学就是对工程技术问题进行经济分析的系统理论与方法，是在资源有限的条件下，运用经济分析方法，对工程项目（技术）各种可行方案进行分析比较，选择并确定最佳方案的科学。建筑工程经济是工程经济学的专业拓展应用，是对建筑工程项目从经济角度在一组可行方案中选择最佳方案提供科学原理和技术方法的学科。其是建筑工程（技术）领域经济问题和经济规律的应用经济学科。

1.1.1　建筑工程经济的产生与发展

建筑工程经济产生的标志是 1887 年美国土木工程师亚瑟·M·惠灵顿出版的著作《铁路布局的经济理论》一书。他首次将成本分析方法应用于最佳长度和路线的曲率选择问题，并提出了工程利息的概念，开创了工程领域中的经济评价工作。他精辟地阐述了工程经济的重点："不把工程学简单地理解和定义为建造艺术是很有好处的。从某种重要意义来说，工程经济并不是建造艺术。我们不妨把它粗略地定义为一门少花钱多办事的艺术。"

惠灵顿的理论见解被后来的工程经济学家们所承袭。20 世纪初，斯坦福大学教授菲什出版了第一部名为《工程经济学》的著作。他将工程投资模型与债券市场联系起来，分析内容包括投资、利率、初始费用、运营费用、商业组织、商业统计、估价与预测、工程报告等。

1920 年，戈尔德曼教授在其著作《财务工程学》一书中提出了决定相对价值的复利模型，以此来确定方案的比较值和进行投资方案评价的思想，从而为工程经济学中许多经济分析原理的产生奠定了基础。同时，他还颇有见解地批评了当时研究工程技术问题不考虑成本、不讲究节约的错误倾向。

1930 年，E.L. 格兰特教授出版了教科书《工程经济学原理》，一举奠定了经典工程经济学的基础。他指出了古典工程经济学的局限性，并以复利计算为基础，对固定资产投资的经济评价原理作了阐述，同时指出人的经验判断在投资决策中的重要作用，因此，他被誉为"工程经济学之父"。

第二次世界大战结束后，随着西方经济的复兴，工业投资规模急剧增加，出现了资金短缺的局面。因此，如何使有限的资金得到最有效的利用，成为投资者与经营者普遍关注的问题。这种客观形势进一步推动了工程投资分析理论与实践的发展。工程经济学受凯恩斯主义经济理论的影响，研究内容从单纯的工程费用效益分析扩大到了市场供求和投资分配领域，从而取得重大进展。

1951 年，工程经济学家乔尔·迪安出版了《管理经济学》，开创了应用经济学新领域；1961 年，他在《资本预算》一书中提出了贴现法(即动态经济评价法)，发展了折现现金流量法和资金分配法，阐述了这些方法在工程经济中的应用。

20 世纪 60 年代以后，工程经济学的研究主要集中在风险投资、决策敏感性分析和市场不确定性因素分析三个方面，主要代表人物有美国的德加莫、卡纳达和塔奎因。

德加莫的《工程经济》(1968 年)一书以投资形态和决策方案的比较研究，开辟了工程经济学对经济计划和公共事业的应用研究途径。

卡纳达的理论重视外在经济因素和风险性投资分析，其代表作是《工程经济学》(1980 年)。

塔奎因等人的理论则强调投资方案的比较与选择，他们提出的各种经济评价原则(如利润、成本与服务年限的评价原则，盈亏平衡原则和债务报酬率分析等)成为美国工程经济学教材中的主要理论。

1978 年，布西出版了《工业投资项目的经济分析》。该书全面系统地总结了工程项目的资金筹集、经济评价、优化决策以及项目的风险和不确定性分析等。

1982 年，J.L. 里格斯出版了《工程经济学》。该书系统地阐述了货币的时间价值、货币理论、经济决策和风险以及不确定性等工程经济学的内容，将工程经济学的学科水平向前推进了一大步。

20 世纪 90 年代以后，西方工程经济学理论逐渐突破了传统的对工程项目或技术方案本身经济效益的研究，出现了研究中观经济与宏观经济的新趋势。对于某些工程项目，要分析它们对行业技术进步、所在地区经济发展的影响，对大多数的项目还要考察它们对生态环境的影响、对可持续发展的影响。工程经济中的微观经济效益分析，正逐步同宏观经济效益分析、社会效益研究、环境效益评价结合在一起。国家的经济制度和政策等宏观问题、国家经济环境变化等，成为当代工程经济学研究无法回避的新内容。

在我国，工程经济学创建于 20 世纪 50 年代末至 60 年代初，1963 年还被列入到全国科学发展规划。这一时期属于经济分析方法与经济效果学发展阶段，经济分析方法开始应用于工程技术中，并在工程建设和许多领域得到广泛应用，是发展较快的时期。停滞时期主要是在 70 年代，在这一时期工程经济学被否定，工程经济研究机构被撤销。随着改革开放的推进，又开始了工程经济的讨论，1978 年成立了中国技术经济研究会。此后，工程经济研究在全国发展越来越快，进入了快速发展时期。1981 年，国务院批准成立技术经济研究中心，标志着我国工程经济学的发展进入了一个新阶段。各省市的技术经济研究会相继成立，各高等院校工程经济学课程逐渐恢复，而且不断发展。工程经济学的原理和方法已在经济建设宏观与微观的项目评价中得到广泛应用；对工程经济学学科体系、理论和方法、性质与对象的研究也十分活跃；有关工程经济的投资理论、项目评价等著作和文章大量出现。从研究方法来看，在 20 世纪 80 年代以前，主要以逻辑推理、案例研究和数据分析为主，分析的指标也多以静态指标为主；80 年代以后，随着西方经济学思想的引进，西方的经济分析方法也逐渐被接纳，项目评价已将市场价格、净现值和动态投资回收期作为评价指标，与国际通用的研究方法接轨，逐步形成了有体系的、符合我国国情的工程经济学。

1.1.2　建筑工程经济的相关概念

（1）工程。工程是指按照一定的计划，利用科学知识，将自然资源转变为有益于人类的产品的工作，如土木工程、机械工程、交通工程、水利工程、港口工程等。

工程是人们综合应用科学理论和技术手段去改造客观世界，从而取得实际成果的具体实践活动。它既不等于科学，也不同于技术。一项工程能被人们所接受，必须具备技术上的可行性和经济上的合理性两个前提条件。

（2）技术。技术是人们把在利用自然和改造自然的过程中所积累的科学知识，有选择、创造性地应用于各种生产和非生产活动中的技能和方法。

从表现形式上看，技术可以分为机器、设备、基础设施等生产条件和工作条件等物质技术（硬技术），以及表现为工艺、方法、程序、信息、经验、技巧和管理能力等非物质技术（软技术）。

提示

技术和科学常被视为一体，但严格来说，两者是有着根本区别。科学是人类在探索自然和社会现象的过程中对客观规律的认识和总结，是发现；而技术是人类利用科学改造自然的方法、手段，是创造和发明。

（3）经济。目前，我们所说的经济通常具有以下几个方面的含义。

1）经济是指生产关系。经济是人类社会发展到一定阶段的社会经济制度，是生产关系的总和，是政治和思想意识等上层建筑赖以生存的基础，如市场经济、经济制度等。

2）经济是指一国国民经济的总称，或指国民经济的各组成部分，如工业经济、农业经济和商业经济等。

3）经济是指社会生产和再生产，即物质资料的生产、交换、分配和消费的现象和过程，如经济活动、经济增长等。

4) 经济是指"节约"或者"节省"。在经济学中，经济的含义是从有限的资源中获得最大的利益。

综上所述，工程经济学研究的经济主要是指人、财、物、时间等资源的节约和有效利用，以及经济决策所涉及的经济问题。建筑工程项目的实施过程中必须运用一定的技术手段，而任何技术手段的运用都必须消耗或占用人、财、物、时间等资源。因此，经济和技术相互制约又相互促进，而如何以最少的消耗达到较优的效果，正是建筑工程经济研究的目的。

1.1.3 工程技术与经济的关系

在人类进行物质生产、交换活动中，工程技术与经济始终是并存的，是不可分割的两个方面。经济是技术进步的目的和动力，技术则是经济发展的手段和方法，两者是相互促进、相互制约的既有统一又有矛盾的统一体。技术与经济互为基础和条件，任何工程的实施和技术的应用都不仅仅是一个技术问题，而且也是一个经济问题。在技术和经济活动中，经济占支配地位，因此人们建设一个工程，不仅追求工程的顺利建成和运营，实现使用功能，而且还要取得较高的经济效益。技术与经济要协调发展，技术与经济分析能够帮助人们在一个投资项目尚未实施之前估计出它的经济效果，并通过对不同方案的比较，选出最有效利用现有资源的方案，从而使投资决策建立在科学分析的基础上。两者结合起来，就是工程的有效性，即技术的先进性和经济的合理性。

人民日益增长的美好生活需要是需要有工程技术支持的。没有工程基础，就失去了经济建设的舞台。没有工程活动，没有科学技术的实践活动，何谈社会再生产？因此，科学技术及作为其表现形式的工程是支撑经济发展的永恒动力，同时，经济状况又制约和刺激着工程建设与技术进步。一方面，工程活动需要物质资料的投入和保障，所以，一个时期的经济状况影响着工程建设的范围、规模和强度，经济成为制约工程建设与技术进步的因素；另一方面，人们对于经济现状的永不满足，又成为刺激和推动工程建设与技术进步的因素。

所以，工程经济学的任务就是既要发挥技术和经济相互促进的一面，又要使现阶段技术与经济存在的矛盾尽量转化，研究技术上的先进性和经济上的合理性之间存在的矛盾，通过各种技术经济分析，选择具有经济效果的技术方案。

任务 1.2　建筑工程经济研究的对象、内容、特点、方法

1.2.1 建筑工程经济研究的对象

建筑工程经济研究的对象就是解决各种工程项目（或投资项目）问题的方案或途径。其核心是工程项目的经济分析。这里所说的项目是指投入一定资源的计划、规划和方案，并

可以进行分析和评价的独立单元。

建筑工程经济从技术的可行性和经济的合理性出发，运用经济理论和定量分析方法，研究工程技术投资和经济效益的关系，例如，各种技术在使用过程中，如何以最小的投入取得最大的产出；如何用最低的寿命周期成本实现产品、作业或服务的必要功能。建筑工程经济不研究工程技术原理与应用本身，也不研究影响经济效果的各种因素自身，而是研究这些因素对工程项目产生的影响，研究工程项目的经济效果，具体内容包括对工程项目的资金筹集、经济评价、优化决策，以及风险和不确定性分析等。建筑工程经济学无法解释这些问题的所有经济现象，但着重解决的是对这些问题的经济评级和分析，这也是建筑工程经济学区别于其他经济学的一个显著特征。

1.2.2　建筑工程经济的研究内容

建筑工程经济的主要内容包括资金的时间价值与等值计算，工程项目技术经济评价方法，工程项目多方案的比较和选择，工程项目的风险与不确定性分析，建筑设备的技术经济分析，价值工程等方面。

1.2.3　建筑工程经济的特点

建筑工程经济立足于工程经济学，研究工程技术方案，是一门独立的综合性学科。它主要特点包括以下几项。

(1)综合性。建筑工程经济横跨自然科学和社会科学两大类。工程技术的经济问题往往是多目标、多因素的。因此，建筑工程经济研究的内容涉及技术、经济、社会与生态等因素。

(2)实用性。建筑工程经济的研究对象来源于生产建设实际，其分析和研究成果直接用于建设与生产，并通过实践来验证分析结果的正确性。

(3)定量性。建筑工程经济以定量分析为主，对难以定量的因素，也要予以量化估计，用定量分析结果为定性分析提供科学依据。

(4)比较性。建筑工程经济分析通过经济效果的比较，从许多可行的技术方案中选择最优方案或满意的可行方案。

(5)预测性。建筑工程经济分析是对将要实现的技术政策、技术措施、技术方案进行事先的分析评价。

1.2.4　建筑工程经济的研究方法

建筑工程经济是工程技术与经济核算相结合的边缘交叉学科，是自然科学、社会科学密切交融的综合学科，是一门与生产建设、经济发展有直接关系的应用学科。其研究方法主要包括可行性分析法、效益分析法、优化规划法、价值分析法、预测法、模拟法、统筹法等。

1.2.5 建筑工程经济分析的基本步骤

任何技术方案在选定前，都应进行技术经济分析与评价，以便从中选出较为理想的方案，因此，必须遵循较为科学的程序。建筑工程经济的研究工作和其他学科的研究工作一样，有自己的研究工作程序。其工作程序一般包括以下几个步骤。

(1)明确问题，并对问题的历史和现状进行调查。首先明确研究的课题是什么，预期达到的总目标是什么，然后对课题的历史和现状进行调查，以明确课题成立与否。

(2)建立各种可能的技术方案。为满足某一需要，一般可以采用许多不同的、彼此可以替代的技术方案。为了选择最优的技术方案，首先要列出所有可能实行的(有限个的)技术方案，既不要漏掉实际可能的技术方案，也不要把技术上不能成立或不可能实现的，或技术上不过关的方案全部列出来，避免选出的方案不是最优方案或者虽是最优方案，但实际上有无法实施的后果。

(3)调查研究。在分析技术方案的优缺点时，必须进行充分的调查研究，从国民经济利益出发，客观地分析不同技术方案所产生的内部和外部各种自然、技术、经济、社会等方面的影响，从而找到最优方案。

(4)建立数学模型。将各技术方案的经济指标和各种参数之间的关系用一组数学方程式表达出来，则该组数学表达式称为工程经济数学模型。经常使用的工程经济数学模型大体有两类：一类是求多元函数的极值问题；另一类是规划论模型或概率模型。

(5)计算与求解数学模型。为了计算和求解数学模型，必须把所需的资料和数据代入数学模型进行运算，这就要求资料和数据准确而全面。工程经济数学模型一般计算工作量较大，应尽量使用计算机进行计算。

(6)计算方案的综合评价。由于技术方案的许多优缺点往往不能用数学公式来表达和计算，而一个技术方案可能兼具各方面的优缺点，这就要求对技术方案进行综合的、定性的和定量的全面分析论证，最后选出在技术、经济、社会、政治、国防等各方面最优的方案。

应当指出，上述工作程序是一般的工作方法和程序，而不是唯一的工作方法和程序，根据研究课题的不同性质和特点，还可以采取其他的方法和程序。

任务 1.3 工程经济效果评价

1.3.1 工程经济效果评价的原理

(1)经济效果的概念。在任何经济活动中，总是用一定的投入得到一定的产出，经济效果就是人们在实践活动中对效益与费用及损失的比较。对于取得的一定有用的成果和所支付的资源代价及损失的对比分析，就是经济效果评价。

当效益与费用及损失为不同度量单位时，经济效果可以表示为：

$$经济效果 = \frac{效益}{费用 + 损失}$$

当效益与费用及损失为相同度量单位时，经济效果可以表示为：

$$经济效果 = 效益 - (费用 + 损失)$$

(2)经济效果的类型。

1)宏观经济效果与微观经济效果。

①宏观经济效果是从整个国民经济角度考察的经济效果。考察工程项目对国民经济的贡献是不能忽视的环节。社会主义所有制的性质是要求工程项目的经济评价应以整个国民经济或者以整个社会为出发点进行考察，这就是要研究工程项目的宏观经济效果。

②微观经济效果是指从个体角度考察的效果。生产项目的直接投入、直接产出是微观经济效益的主要构成部分。利润最大化是企业追求的目标，微观效果的大小也是评价和选择项目的重要依据。

2)直接经济效果与间接经济效果。

①直接经济效果是指项目自身直接产生并得到的经济效果，即生产项目直接创造的经济效果，如产品的销售收入等。

②间接经济效果是指项目导致的自身之外的经济效果，即生产项目引起的其系统之外的效果。间接效果的分析只有在项目进行国民经济评价时才会考虑。

3)短期经济效果与长期经济效果。

①短期经济效果是指短期内可以实现的经济效果。

②长期经济效果是指较长时期后能够实现的经济效果。

1.3.2　工程经济效果评价的基本原则

(1)现金流量原则。现金流量是投资项目在其整个寿命期内所发生的现金流出和现金流入的全部资金收付数量，是评价投资方案经济效益的必备资料。在建筑工程经济中，衡量投资收益的并不是会计利润，而是现金流量。会计利润只是账面数字，并非手头上可用的现金，而现金流量则是项目发生的实际现金的净得。

(2)资金的时间价值原则。建筑工程经济中的一个最基本的概念是资金具有时间价值。由于资金时间价值的存在，今天的1元钱比未来的1元钱更值钱。投资项目获得的财富是在未来的一段时间获得的，未来时期获得的财富价值从现在来看并不能真正体现其收益价值。因此，如果不考虑资金的时间价值，就无法合理地评价项目的未来收益和成本。

(3)选择替代方案的原则。无论什么情况下，为了解决技术经济问题，都必须进行方案比较，而方案比较必须要有能解决同一问题的"替代方案"。所谓替代方案就是在方案选择时，供比较或互相进行经济比较的一个或若干个方案。

由于替代方案在方案比较中占有重要地位，因此，在选择和确定替代方案时应遵循"无疑、可行、准确、完整"的原则。"无疑"就是对实际上可能存在的替代方案都要很好考虑；

"可行"就是只考虑技术上可行的替代方案；"准确"就是从实际情况出发，选好选准替代方案；"完整"就是指各方案之间的比较必须是完整的相比较，不只是比较方案的某些部分。一些常见的替代方案见表 1-1。

表 1-1　常见替代方案举例

技术方案	替代方案	技术方案	替代方案
公路	铁路、水运、空运	新建	扩建、改建、迁建
高层建筑	多层建筑	水力发电	火力、风力、光伏发电等
设备更新	修理使用	机械化	半机械化、人工
拆除重建	旧房翻建	混凝土板	木、砖、钢及钢筋混凝土组合等
日光灯	白炽灯、LED 灯	邮电通信	人员流动

（4）方案的可比性原则。为了使方案比较的结论合理、正确和切合实际，相互比较的方案必须具备一定的可比条件。主要包括以下几项。

1）满足需要上的可比性。任何一个技术方案都有一定的目的，满足一定的需要，从技术经济观点看，要进行方案之间的比较，最重要的可比条件就是相互比较的方案都必须满足相同的需要，否则，它们之间就不能相互替代和相互比较。

不同的技术方案符合满足需要上的可比条件，就是要求比较方案在产量、质量（品种）、功能等方面具有可比性。

①各种技术方案要满足产量（即生产规模）上的可比。这里所提的产量是指最终能满足社会的实际需要量，是指净产量或实际完成的工作量，而不是每个技术方案的设计能力额定产量或工作量。当技术方案在生产规模（产量）上不相同时，应采用修正系数进行修正计算，如采用单位产品消耗指标进行比较。

②各种技术方案要满足产品质量（包括品种）上的可比。如果对比技术方案的产品质量不同，应将质量的差异换算成可比的产品质量，如采用产品使用效果系数进行比较。例如，日光灯和白炽灯两种灯具方案，不能用数量直接比较，而应在相同照度下进行比较。

③各种技术方案要满足使用功能上的可比。使用价值上的等同化是方案比较的共同基础，只有具备相同的价值方案，才能进行相互比较，相互替代。如住宅建筑就不能与工业厂房相比，医院则不能与体育馆相比，因为它们的功能不同，使用价值也就不同。

2）消耗费用上的可比性。每个技术方案的具体实现都要消耗一定的社会劳动或费用，在进行方案的经济效果比较时，必须使比较方案在消耗费用上具有可比性，做到消耗费用计算的原则、包含的内容和计算的基础方法、口径统一、可比，而不是指劳动消耗费用的大小相同。具体应注意下述几个方面。

①技术方案的劳动消耗费用必须从社会全部消耗的角度来计算，运用综合的系统观点和方法来计算。根据这一要求，技术方案的消耗费用计算范围不但包括技术方案本身直接消耗的费用，而且还应该包括与实现方案密切相关的纵向和横向的相关费用。例如，修建一座混

凝土搅拌站的目的是向用户提供混凝土，因此，其消耗费用不仅要计算搅拌站本身的建设和生产费用，还要计算与之纵向相关的原材料的采购运输费用和成品送至用户的运输等费用。又如，居住小区建设，除主要工程（住宅）的消耗外，还要计算配套工程等的耗费，故在进行小区建设方案比较时，应将各方案在主要工程的耗费和配套工程的耗费一并计算。

②技术方案的劳动消耗费用，必须包括整个寿命周期内的全部费用。也就是说，既要计算实现方案的一次性投资费用，又要计算方案实现后的经营或使用费。

③计算技术方案的消耗费用时，还应统一规定费用结构和计算范围。如估算基本建设投资应包括固定资产和流动资金；采用统一的计算方法，即指各项费用的计算方法、口径应一致，如对投资和生产成本的估算方法应采用相同的数学公式；关于费用的计算基础数据要一致，就是指各项费用所采用的费率和价格应一致。因此，要求技术方案在价格上有可比性。

3）价格上的可比性。每个技术方案的消耗费用或创造的收益都是按价格来计算的。价格上的可比性就是要采用相应时期的统一价格指标，即应采用同一地区、同一时期的价格水平，否则就应该进行换算或调整。

4）时间上的可比性。技术方案的经济效果除数量概念外，还有时间概念。时间上的可比，就是要采用相同的计算期，考虑资金时间价值的影响等。

5）指标上的可比性。每个技术方案的经济效果评价，都是通过建立评价指标及计算值进行的。指标上的可比性，就是使设置的指标体系中的指标所包含的内容、内涵要统一，计算的方法、口径、规则要一致等。

（5）增量分析原则。在对不同方案进行选择和比较时，应从增量角度进行分析，即考察增加投资的方案是否值得，将两个方案的比较转化为单个方案的评价问题，使问题得到简化，从而方便求解。

（6）机会成本原则。当一种有限的资源具有多种用途时，即有多种获得收益的机会而放弃某个投资机会付出的代价就称为机会成本。企业投资进行项目的建设，只要投入了这个项目，就算是投入，无论这些资金是借来的还是自有的，或者投入的是企业自有的机械、设备、厂房等资源，其都要计入成本，这个成本投入其他途径所能获得的最大收益即机会成本。而沉没成本则是决策前已支出的费用或将来必须支付的费用，这类成本与决策无关，所以要进行排除。机会成本原则就是要排除沉没成本计入机会成本。

（7）有无对比原则。准确识别和估算项目的效益和费用是正确评价项目的前提。在识别和估算项目的效益和费用时，应遵循"有无对比"原则，分别对"有项目"和"无项目"两种状态下项目未来的运行情况进行预测分析（将项目建立和未建立两种情况的现金流量进行对比），然后通过对比分析确定项目的效益和费用，保证估算的准确性和可靠度，避免因为忽略"无项目"时状态自身的优化作业而导致对项目效益估算的"虚增"或对费用估算的"虚减"，夸大项目自身的经济效益水平；也要克服因为忽略"无项目"时状态自身的劣化作业而导致对项目效益估算的"虚减"或对费用估算的"虚增"，缩减项目自身的经济效益水平。

（8）风险收益的权衡原则。工程经济分析主要是针对拟建项目也就是未来项目进行的，因此，尽管在预测和统计的方法选择上力求完善和科学，但由于事物发展的不确定性，投资任何项目都存在风险，而且评价本身就隐含着风险，从而影响了决策的有效性。所以，在进行工程经济分析时必须考虑方案的风险和不确定性，进行风险分析和不确定性分析，揭示风险，关注风险。不同项目的风险和收益是不同的，额外的风险需要额外的收益进行补偿，从而使投资人在权衡了项目收益和风险后再进行决策。

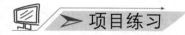

项目小结

　　建筑工程经济是介于自然科学和社会科学之间的边缘学科，是根据现代科学技术和社会经济发展的需要，在自然科学和社会科学的发展过程中，各学科互相渗透，互相促进，互相交叉，逐渐形成和发展起来的。其具有综合性、实用性、定量性、比较性、预测性等特点。它的研究对象就是解决各种工程项目（或投资项目）问题的方案或途径，其核心是工程项目的经济性分析。它的研究范围包括工程项目微观与宏观的经济效果，也就是说既要研究工程项目自身的经济效果，又要研究工程项目对国家、对社会的影响。建筑工程项目经济评价的基本原则包括现金流量原则、资金的时间价值原则、选择替代方案的原则、方案的可比性原则、增量分析原则、机会成本原则、有无对比原则和风险收益的权衡原则。

项目练习

一、单项选择题

1. 建筑工程经济研究中的经济是指（　　）。

A. 人、财、物、时间等资源的节约和有效利用

B. 物质资料的生产、交换、分配、消费的现象和过程

C. 是人类社会发展到一定阶段的社会经济制度，是生产关系的总和，是政治和思想意识等上层建筑赖以生存的基础

D. 节约或节省

2. 建筑工程经济研究的对象是解决各种（　　）问题的方案或途径。

A. 铁路布局　　　　　　　　　　B. 国民经济

C. 工程项目（或投资项目）　　　D. 工业生产

3. 建筑工程经济是（　　）与经济核算相结合的边缘交叉学科。

A. 自然科学　　　　　　　　　　B. 社会科学

C. 工程技术　　　　　　　　　　D. 人文科学

4. 建筑工程经济分析是对将要实现的技术政策、技术措施、技术方案进行事先的分析评价，说的是建筑工程经济的（　　）。

A. 定量性   B. 比较性

C. 综合性   D. 预测性

5. 在识别和估算项目的效益和费用时，应遵循（　　　）原则，分别对"有项目"和"无项目"两种状态下项目未来的运行情况进行预测分析。

A. 有无对比   B. 机会成本

C. 方案可比性   D. 增量分析

二、多项选择题

1. 方案的可比性包括（　　　）。

A. 满足需要上的可比性   B. 消耗费用上的可比性

C. 价格上的可比性   D. 时间上的可比性

E. 指标上的可比性

2. 经济效果的类型包括（　　　）。

A. 宏观经济效果与微观经济效果   B. 前期经济效果与后期经济效果

C. 直接经济效果与间接经济效果   D. 短期经济效果与长期经济效果

3. 建筑工程经济分析的基本原则有（　　　）。

A. 风险收益的权衡原则   B. 有无对比原则

C. 可比性原则   D. 机会成本原则

E. 增量分析原则

4. 建筑工程经济的研究方法有（　　　）。

A. 可行性分析法   B. 效益分析法

C. 优化规划法   D. 价值分析法

E. 预测法

5. 建筑工程经济的特点有（　　　）。

A. 综合性   B. 实用性

C. 定量性   D. 比较性

E. 预测性

项目 2　资金时间价值计算

任务 2.1　资金时间价值

2.1.1　资金时间价值的概念

(1)资金时间价值，是指一定量货币资本在不同时点上的价值量差额。资金的时间价值来源于资金进入社会再生产过程后的价值增值，增值的原因是由于货币的投资和再投资。

(2)影响资金时间价值的因素很多，其中主要有以下几点。

1)资金的使用时间。在单位时间的资金增值率一定的条件下，资金使用时间越长，资金的时间价值越大；使用时间越短，则资金的时间价值越小。

2)资金数量的多少。在其他条件不变的情况下，资金数量越多，资金的时间价值就越多；反之，资金的时间价值则越少。

3)资金投入和回收的特点。在总资金一定的情况下，前期投入的资金越多，资金的负效益越大；反之，后期投入的资金越多，资金的负效益越小。而在资金回收额一定的情况下，离现在越近的时间回收的资金越多，资金的时间价值就越多；反之，离现在越远的时间回收的资金越多，资金的时间价值就越少。

4)资金周转的速度。资金周转越快，在一定的时间内等量资金的周转次数越多，资金的时间价值越多；反之，资金的时间价值越少。

2.1.2　利息和利率

(1)利息。利息是指通过银行借贷资金，所付或得到的比本金多的那部分增值额。利息是资金时间价值的一种重要表现形式。

从本质上看，利息是由贷款发生利润的一种再分配。在建筑工程经济分析中，利息常常被看成是资金的一种机会成本，是指占用资金所付的代价或者是放弃使用资金所得的补偿。

(2)利率。利率是指在一定的时间内，所获得的利息与所借贷的资金(本金)的比值。在建筑工程经济中，利率的定义是从利息的定义中衍生出来的。也就是说，在理论上先承认了利息，再以利息来解释利率。在实际计算中，正好相反，常根据利率计算利息。

2.1.3　利息的计算方法

利息的计算有单利和复利两种。计息期可以根据有关规定或事先的合同约定来确定。

（1）单利计息。单利计息是指在计算利息时，仅用最初本金来计算，而不计入先前计息周期中所累积增加的利息，即通常所说的"利不生利"的计息方法。其计算公式为：

$$I = Pni \tag{2-1}$$

$$F = P(1+ni) \tag{2-2}$$

式中　I——利息；

$\quad\quad$ P——借入本金；

$\quad\quad$ n——计息期数；

$\quad\quad$ i——利率；

$\quad\quad$ F——n 年末的本利和。

【例 2-1】　假如以单利方式借入 1 000 元，年利率为 8%，四年末偿还，则各年利息和本利和见表 2-1。

表 2-1　单利计算分析表　　　　　　　　（单位：元）

使用期	年初款额	年末利息	年末本利和	年末偿还
1	1 000	1 000×8%=80	1 080	0
2	1 080	80	1 160	0
3	1 160	80	1 240	0
4	1 240	80	1 320	1 320

（2）复利计息。复利计息是指将这期利息转为下期的本金，下期将按本利和的总额计息。不仅本金计算利息，利息再计利息，即"利生利""利滚利"的计息方法。其计算公式为：

$$F = P(1+i)^n \tag{2-3}$$

$$I = P(1+i)^n - P \tag{2-4}$$

【例 2-2】　数据同例 2-1，按复利计算，则各年利息和本利和见表 2-2。

表 2-2　复利计算分析表　　　　　　　　（单位：元）

使用期	年初款额	年末利息	年末本利和	年末偿还
1	1 000	1 000×8%=80	1 080	0
2	1 080	1 080×8%=86.4	1 166.4	0
3	1 166.4	1 166.4×8%=93.312	1 259.712	0
4	1 259.712	1 259.712×8%=100.777	1 360.489	1 360.489

同一笔借款，在利率和计息周期均相同的情况下，用复利计算出的利息金额比用单利

计算出的利息金额多。本金越大,利率越高,计息周期越多,两者差距就越大。

复利计息有间断复利和连续复利之分。按瞬时计算复利的方法称为连续复利。在实际使用中都采用间断复利。财务估值中一般都按照复利方式计算货币的时间价值。

任务 2.2　资金等值的计算

2.2.1　资金等值计算的基本概念

(1)现值。现值是指未来某一时点上一定量的货币折算到现在所对应的金额,通常记作 P。

(2)终值。终值又称将来值,是现在一定量的货币折算到未来某一时点所对应的金额,通常记作 F。

(3)年金。年金是指间隔期相等的系列等额收付款。其具有两个特点:一是金额相等;二是时间间隔相等。这里的年金收付间隔的时间不一定是 1 年,可以是半年、一个季度或者一个月等。

(4)计息期数。计息期数在利息计算中代表计息周期数,在工程技术分析中代表从开始投入资金到项目终结的整个期间,通常以"年"为单位,也可以以"半年""季""月"等为单位。

(5)等值。不同时期、不同数额但其"价值等效"的资金称为等值,又称等效值。

2.2.2　现金流量与现金流量图

(1)现金流量。在进行建筑工程经济分析时,可将所考察的技术方案视为一个系统。投入的资金、花费的成本和获取的收益,均可看成是以资金形式体现的该系统的资金流出或资金流入。这种在考察技术方案整个期间各时点 t 上实际发生的资金流出或资金流入称为现金流量。其中,流出系统的资金称为现金流出,用符号 CO 表示;流入系统的资金称为现金流入,用符号 CI 表示;现金流入与现金流出之差称为净现金流量,用符号 $(CI—CO)$ 表示。

1)现金流入量:是指在整个计算期内所发生的实际的现金流入。

2)现金流出量:是指在整个计算期内所发生的实际的现金支出。

3)净现金流量:是指现金流入量和现金流出量之差。流入量大于流出量时,其值为正;反之为负。

(2)现金流量图的绘制。对于一个技术方案,其每次现金流量的流向(支出或收入)、数额和发生时间都不尽相同,为了正确地进行工程经济分析计算,需要借助现金流量图来进行分析。所谓现金流量图就是一种反映技术方案资金运动状态的图示,即将技术方案的现金流量绘入一个时间坐标图中,表示出各现金流入、流出与相应时间的对应关系。运用现金流量图,就可以形象、直观地表达技术方案的资金运动状态。现金流量图的作图方法和规则如下:

1)以横轴为时间轴，向右延伸表示时间的延续，轴上每一刻度表示一个时间单位，可取年、半年、季或月等；时间轴上的点称为时点，通常表示的是该时间单位末的时点；0 表示时间序列的起点。整个横轴也可看成是我们所考察的"技术方案"。

2)相对于时间坐标的垂直箭线代表不同时点的现金流量情况，现金流量的性质(流入或流出)是对特定的人而言的。对投资人而言，在横轴上方的箭线表示现金流入，即表示收益；在横轴下方的箭线表示现金流出，即表示费用。

3)在现金流量图中，箭线长短与现金流量数值大小应成比例，但由于技术方案中时点现金流量常常差额悬殊而无法成比例绘制出，因此在现金流量图绘制中，箭线长短只要能适当体现各时点现金流量数值的差异，并在各箭线上方(或下方)注明其现金流量的数值即可。

4)箭线与时间轴的交点即现金流量发生的时点。

总之，要正确绘制现金流量图，必须把握好现金流量的三要素，即现金流量的大小(现金流量数额)、方向(现金流入或现金流出)和作用点(现金流量发生的时点)。

【例 2-3】 关于现金流量绘图规则的说法，下列正确的有(   )。

A. 箭线长短要能适当体现各时点现金流量数值大小的差异

B. 箭线与时间轴的交点表示现金流量发生的时点

C. 横轴是时间轴，向右延伸表示时间的延续

D. 现金流量的性质对不同的人而言是相同的

E. 时间轴上的点通常表示该时间单位的起始时点

解：ABC

2.2.3 资金等值计算的常用公式

(1)一次支付现金流量的终值和现值计算。

1)一次支付的终值公式(已知 P，求 F)。一次支付又称整存整付，是指所分析技术方案的现金流量，无论是流入还是流出，分别在各时点上只发生一次，如图 2-1 所示。

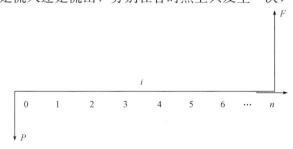

图 2-1 一次支付的终值图

i——计息期的(复)利率；n——计息的期数；P——现值(即现在的资金价值或本金)，资金发生在(或折算为)某一特定的时间序列起点时的价值；F——终值(即 n 期末的资金价值或本利和)，资金发生在(或折算为)某一特定时间序列终点价值

一次支付背景下，已知计息周期利率 i，则 n 个计息周期(年)末的终值(本利和) F 的计算公式为：

$$F=P(1+i)^n \tag{2-5}$$

式中，$(1+i)^n$ 为一次支付的终值系数，记为 $(F/P,\ i,\ n)$ 或者 $(F \leftarrow P,\ i,\ n)$。

【例 2-4】 某人将 100 元存入银行，复利年利率为 2%，求 5 年后的终值。

解：$F=P \times (1+i)^n = 100 \times (1+2\%)^5 = 100 \times (F/P,\ 2\%,\ 5) = 110.41(元)$

2)一次支付的现值公式(已知 F，求 P)。由式(2-5)的逆运算，即可得出现值 P 的计算公式为：

$$P=\frac{F}{(1+i)^n}=F(1+i)^{-n} \tag{2-6}$$

式中，$(1+i)^{-n}$ 为一次支付的现值系数，记为 $(P/F,\ i,\ n)$。

【例 2-5】 某人为了 5 年后能从银行取出 100 元，在复利年利率为 2% 的情况下，求当前应存入金额。已知复利现值系数表，见表 2-3。

$$P=F/(1+i)^n=100/(1+2\%)^5=100 \times (P/F,\ 2\%,\ 5)=90.57(元)$$

表 2-3　复利现值系数表

期数	1%	2%	3%
1	1.010 0	1.020 0	1.030 0
2	1.020 1	1.040 4	1.060 9
3	1.030 3	1.061 2	1.092 7
4	1.040 6	1.082 4	1.125 5
5	1.051 0	1.104 1	1.159 3

(2)等额支付系列现金流量的终值、现值计算。

1)普通年金的终值与现值。

①普通年金的终值公式(已知 A、i、n，求 F)。普通年金的终值图如图 2-2 所示。其计算公式为：

$$F=\sum_{i=1}^{n}A_l(1+i)^{n-1}=A\left[(1+i)^{n-1}+(1+i)^{n-2}+\cdots+(1+i)+1\right] \tag{2-7}$$

$$F=A\frac{(1+i)^n-1}{i} \tag{2-8}$$

式中，$\dfrac{(1+i)^n-1}{i}$ 为年金终值系数，记为 $(F/A,\ i,\ n)$。

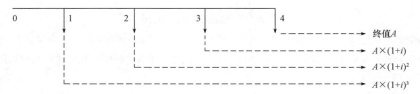

图 2-2　普通年金的终值图 $A \times (1+i)^3$

【例 2-6】 小王是名热心于公益事业的人，自 2005 年 12 月底开始，他每年年末都要向一名失学儿童捐款。小王每年向这名失学儿童捐款 1 000 元，帮助这名失学儿童从小学一年级读完九年义务教育。假设每年定期存款利率都是 2%，则小王 9 年的捐款在 2013 年年底相当于多少钱？

解： $F = A \times (F/A, i, n)$

$\qquad = 1\,000 \times (F/A, 2\%, 9)$

$\qquad = 1\,000 \times 9.754\,6$

$\qquad = 9\,754.6$（元）

②普通年金的现值公式（已知 A，求 P）。普通年金的现值图如图 2-3 所示。其计算公式为：

$$P = F(1+i)^{-n} = A \frac{(1+i)^n - 1}{i(1+i)^n} \tag{2-9}$$

式中，$\dfrac{(1+i)^n - 1}{i(1+i)^n}$ 为年金现值系数，记为 $(P/A, i, n)$。

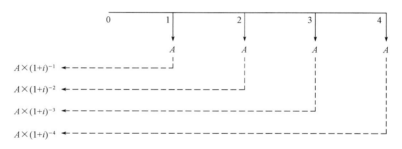

图 2-3 普通年金的现值图

【例 2-7】 某投资项目于 2012 年年初动工，假设当年投产，从投产之日起每年年末可得收益 40 000 元。按年利率为 6% 计算，计算预期 10 年收益的现值。

解： $P = 40\,000 \times (P/A, 6\%, 10)$

$\qquad = 40\,000 \times 7.360\,1$

$\qquad = 294\,404$（元）

（3）等额资金偿债的基金公式（已知 F、i、n，求 A）。如果是已知年金终值求年金，则属于计算偿债基金问题，即根据普通年金终值公式求解 A（反向计算），这个 A 就是偿债基金。

$$A = F \frac{i}{(1+i)^n - 1} \tag{2-10}$$

式中，$\dfrac{i}{(1+i)^n - 1}$ 为偿债资金系数，记为 $(A/F, i, n)$。

【例 2-8】 某人拟在 5 年后还清 10 000 元债务，从现在起每年年末等额存入银行一笔款项。假设银行利率为 10%，则每年需存入多少元？

解： $A = 10\,000 / (F/A, 10\%, 5) = 1\,638$（元）

提示

偿债基金和普通年金终值互为逆运算；偿债基金系数和普通年金终值系数是互为倒数的关系。

(4)等额资金的回收公式(已知 P、i、n，求 A)。年资本回收额是指在约定年限内等额回收初始投入资本的金额。年资本回收额的计算实际上是已知普通年金现值 P，求年金 A。

$$A = P \frac{i(1+i)^n}{(1+i)^{n-1}} \tag{2-11}$$

式中，$\frac{i(1+i)^n}{(1+i)^{n-1}}$ 为资金回收系数，记为 $(A/P，i，n)$。

【例 2-9】 某企业借得 1 000 万元的贷款，在 10 年内以年利率 12% 等额偿还，则每年应付的金额为多少？

解： $A = 1\,000/(P/A，12\%，10) = 176.98$(万元)

提示

年资本回收额与普通年金现值互为逆运算；资本回收系数与普通年金现值系数互为倒数。

(5)即付年金的终值与现值。

1)即付年金终值的计算。在 0 时点之前虚设一期，假设其起点为 $0'$，同时在第三年年末虚设一期存款，使其满足普通年金的特点，然后将这期存款扣除。即付年金终值系数与普通年金终值系数：期数为 +1，系数为 −1。即付年金终值图如图 2-4 所示。其计算公式为：

$$F = A \times (F/A，i，4) - A = A \times [(F/A，i，n+1) - 1]$$

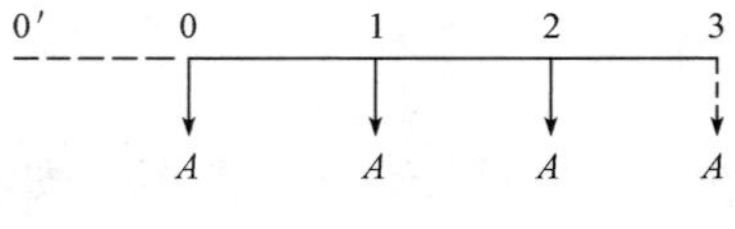

图 2-4 即付年金终值图

【例 2-10】 某人拟购房，开发商提出两种方案，一种方案是 5 年后一次性付 120 万元(图 2-5)；另一种方案是从现在起每年年初付 20 万元，连续 5 年(图 2-6)，若目前的银行存款利率是 7%，应如何付款？

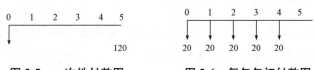

图 2-5 一次性付款图　　**图 2-6 每年年初付款图**

解：方案 1 终值：

$$F_1 = 120$$

方案 2 终值：

$$F_2 = 20 \times (F/A, 7\%, 5) \times (1+7\%) = 123.065 (万元)$$

或

$$F_2 = 20 \times [(F/A, 7\%, 6) - 1] = 123.066 (万元)$$

2）即付年金现值的计算。首先将第一期支付扣除，看成是 $n-1$ 期的普通年金现值，然后再加上第一期支付。即付年金现值系数与普通年金现值系数：期数为 -1，系数为 $+1$。即付年金现值图如图 2-7 所示。其计算公式为

$$P = A \times (P/A, i, 2) + A$$
$$= A \times [(P/A, i, 2) + 1]$$

所以：$P = A \times [(P/A, i, n-1) + 1]$

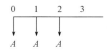

图 2-7　即付年金现值图

【例 2-11】　某人拟购房，开发商提出两种方案，一种方案是现在一次性付 80 万元（图 2-8）；另一种方案是从现在起每年年初付 20 万元，连续支付 5 年（图 2-9），若目前的银行利率为 7%，应如何付款？

图 2-8　一次性付款图

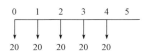

图 2-9　每年年初付款图

解：方案 1 现值：80 万元

方案 2 现值：

$$P = 20 \times (P/A, 7\%, 5) \times (1+7\%) = 87.744 (万元)$$

或

$$P = 20 + 20 \times (P/A, 7\%, 4) = 87.744 (万元)$$

（6）递延年金的终值与现值。

1）递延年金的终值。递延年金终值只与连续收支期 (n) 有关，与递延期 (m) 无关。

递延年金与普通年金终值的计算一样，都为 $A(1+i)^3 + A(1+i)^2 + A(1+i) + A =$

$A(F/A，i，n)$，这里 n 为 A 的个数。

2)递延年金的现值。

方法 1·两次折现。递延年金的现值为：

$$P=A×(P/A，i，n)×(P/F，i，m) \tag{2-12}$$

递延期：m(第一次有收支的前一期，本例为2)，连续收支期 n。

方法 2·先加上后减去。递延年金的现值为：

$$P=A×(P/A，i，m+n)-A×(P/A，i，m) \tag{2-13}$$

方法 3·先求递延年金的终值，再将终值换算成现值。

$$P=A×(F/A，i，n)×(P/F，i，n+m) \tag{2-14}$$

【例 2-12】 某公司拟购置一处房产，房主提出如下三种付款方案：

第一种，从现在起，每年年初支付 20 万，连续支付 10 次，共 200 万元；

第二种，从第 5 年开始，每年年末支付 25 万元，连续支付 10 次，共 250 万元；

第三种，从第 5 年开始，每年年初支付 24 万元，连续支付 10 次，共 240 万元。假设该公司的资金成本率(即最低报酬率)为 10%，你认为该公司应选择哪个方案？

解： 方案一：$P=20×(P/A，10\%，10)×(1+10\%)$

或

$$P=20+20×(P/A，10\%，9)$$
$$=20+20×5.759=135.18(万元)$$

方案二：$P=25×(P/A，10\%，14)-25×(P/A，10\%，4)$

或

$$P=25×(P/A，10\%，10)×(P/F，10\%，4)$$
$$=25×6.145×0.683$$
$$=104.93(万元)$$

方案三：$P=24×(P/A，10\%，13)-24×(P/A，10\%，3)$
$$=24×(7.103-2.487)$$
$$=110.78(万元)$$

或

$$P=24×(P/A，10\%，10)×(P/F，10\%，3)$$
$$=24×6.144×0.751\ 3$$
$$=110.78(万元)$$

现值最小的为方案二，该公司应该选择第二种方案。

(7)永续年金。

1)永续年金的终值：没有终值。

2)永续年金的现值 $=\dfrac{A}{i}$。 $\tag{2-15}$

【例 2-13】 某项永久性奖学金，每年计划颁发 50 000 元奖金。若年复利率为 8%，该奖学金的本金应为多少元？

资金等值计算及应用

解： 永续年金的现值＝A/i＝50 000/8%＝625 000（元）

2.2.4　时间价值计算的灵活运用

（1）知三求四的问题。给出四个未知量中的三个，求第四个未知量的问题。

$$F＝P×(F/P，i，n) \tag{2-16}$$

$$P＝F×(P/F，i，n) \tag{2-17}$$

$$F＝A×(F/A，i，n) \tag{2-18}$$

$$P＝A×(P/A，i，n) \tag{2-19}$$

（2）应注意的问题。

1）i 和 n 时间要对应。i 是年利率，n 则是多少年；i 是月利率，n 则是多少月。

2）P 是发生在一个时间序列的第 1 期期初，F 则是发生在一个时间序列的第 n 期（最后一期）期末。

3）没有特别说明，收付额都认为是在该期期末发生。

4）现金流量的分布不规则时，需要进行调整，灵活运用各种计算方法。

（3）解决资金时间价值问题所要遵循的步骤：

1）完全地了解问题；

2）判断这是一个现值问题还是一个终值问题；

3）画一条时间轴；

4）标示出代表时间的箭头，并标出现金流；

5）决定问题的类型有单利、复利、终值、现值、年金问题、混合现金流问题；

6）解决问题。

任务 2.3　名义利率和实际利率

2.3.1　实际利率与名义利率的换算

在实际生活中，通常可以遇见计息期限不是按年计息的，如半年付息（计息）一次、每季一次或每月一次，因此会出现名义利率和实际利率之间的换算。

名义利率的实质是计息周期小于一年的利率，化为年利率时，忽略了时间因素，没有计算利息的利息。

在进行技术经济分析时，每年计息期不同的各名义利率之间不具备可比性，应将它们化为实际利率后才能进行比较。

(1)若每年计息一次，实际利率＝名义利率；若每年计息多次，实际利率＞名义利率。

(2)实际利率与名义利率的换算公式为：

$$i=(1+r/m)^m-1 \tag{2-20}$$

式中　i——实际利率，每年复利一次的利率；

　　　r——名义利率，每年复利超过一次的利率；

　　　m——年内计息次数。

【例 2-14】　年利率为 12％，按季复利计息，试求实际利率。

解：$i=(1+r/m)^m-1=(1+12\%/4)^4-1=1.125\ 5-1=12.55\%$

【例 2-15】　一项 1 000 万元的借款，借款期为 3 年，年利率为 5％，若每年半年复利一次，年实际利率会高出名义利率(　　)。

A. 0.16％　　　B. 0.25％　　　C. 0.06％　　　D. 0.05％

解：已知 $m=2$，$r=5\%$，根据实际利率和名义利率之间关系式：

$$i=(1+5\%/2)^2-1=5.06\%$$

年实际利率比名义利率高出 5.06％－5％＝0.06％。

因此，选项为 C。

2.3.2　公式的灵活运用

当计算终值或现值时，基本公式不变，只要进行适当的调整即可。

【例 2-16】　某企业于年初存入 10 万元，在年利率为 10％、每半年复利计息一次的情况下，到第 10 年年末，该企业能得到的本利和是多少？

解：将 r/m 作为计息期利率，并将 $m\times n$ 作为计息期数进行计算：

$$F=10\times(F/P,\ 5\%,\ 20)=10\times(1+10\%\div2)^{20}=26.53(万元)$$

【例 2-17】　某企业于年初存入银行 10 000 元，假定年利息率为 12％，每年复利两次。已知 $(F/P,\ 6\%,\ 5)=1.338\ 2$，$(F/P,\ 6\%,\ 10)=1.790\ 8$，$(F/P,\ 12\%,\ 5)=1.762\ 3$，$(F/P,\ 12\%,\ 10)=3.105\ 8$，则第 5 年年末的本利和为(　　)元。

A. 13 382　　　　　　B. 17 623　　　　　　C. 17 908　　　　　　D. 31 058

解：第 5 年年末的本利和＝10 000×$(F/P,\ 6\%,\ 10)$＝17 908(元)。

因此，选项为 C。

📺➤ 项目小结

复利终值和复利现值互为逆运算；复利终值系数$(F/P,\ i,\ n)$与复利现值系数$(P/F,\ i,\ n)$互为倒数关系；偿债基金和普通年金终值互为逆运算；偿债基金系数$(A/F,\ i,\ n)$与普通年金终值系数$(F/A,\ i,\ n)$互为倒数关系；年资本回收额与普通年金现值互为逆运算；

资本回收系数 $(A/P，i，n)$ 与普通年金现值系数 $(P/A，i，n)$ 互为倒数关系。基本公式汇总表见表 2-4。

表 2-4　基本公式汇总表

系数名称	符号表示	标准表达式	公式	形象记忆
一次支付终值系数	$P{\to}F$	$(F/P，i，n)$	$F=P(1+i)^n$	一次存钱，到期本利取出
一次支付现值系数	$F{\to}P$	$(P/F，i，n)$	$P=F\dfrac{1}{(1+i)^n}$	已知到期本利合计数，求最初本金。
等额支付终值系数	$A{\to}F$	$(F/A，i，n)$	$F=A\dfrac{(1+i)^n-1}{i}$	等额零存整取
等额支付现值系数	$A{\to}P$	$(P/A，i，n)$	$P=A\dfrac{(1+i)^n-1}{i(1+i)^n}$	若干年每年可领取年金若干，求当初一次存入多少钱
等额支付偿债基金系数	$F{\to}A$	$(A/F，i，n)$	$A=F\dfrac{1}{(1+i)^n-1}$	已知最后要取出一笔钱，每年应等额存入多少钱
等额支付资本回收系数	$P{\to}A$	$(A/P，i，n)$	$A=P\dfrac{i(1+i)^n}{(1+i)^n-1}$	住房按揭贷款，已知贷款额，求月供或年供

➤ 项目练习

一、单项选择题

1. 在建筑工程经济中，利息常常被视为资金的一种，即（　　）。

A. 沉没成本　　　　　　　　　　B. 机会成本

C. 使用成本　　　　　　　　　　D. 寿命期成本

2. 某企业年初投资 3 000 万元，10 年内等额回收本利，若基准收益率为 8%，则每年年末应回收的资金是（　　）万元。

A. 300　　　　　　　　　　　　B. 413

C. 447　　　　　　　　　　　　D. 482

3. 某企业拟实施一项技术方案，第一年投资 1 000 万元，第二年投资 2 000 万元，第三年投资 1 500 万元，投资均发生在年初，其中后两年的投资使用银行贷款，年利率为 10%。该技术方案从第三年起开始获利并偿还贷款，10 年内每年年末获得净收益为 1 500 万元，贷款分 5 年等额偿还，每年应偿还（　　）万元。

A. 814　　　　　　　　　　　　B. 976

C. 1 074　　　　　　　　　　　D. 1 181

4. 某人欲将剩余的资金存入银行，存款利率为 6%，按复利计。若 10 年内每年年末存款为 2 000 元，第 10 年年末本利和为（　　）元。

    A. 20 000 　　　　　　　　　　　　B. 21 200

    C. 26 362 　　　　　　　　　　　　D. 27 943

5. 某人在银行存款，存款利率为 6%，按复利计。若 10 年内每年年初存款为 2 000 元，第 10 年年末本利和为（　　）元。

    A. 20 000 　　　　　　　　　　　　B. 21 200

    C. 26 362 　　　　　　　　　　　　D. 27 943

6. 某项目建设期为 2 年，各年年初投资额分别为 300 万元、400 万元，年利率为 10%，则该项目建成后的总投资是（　　）万元。

    A. 700 　　　　　　　　　　　　　B. 803

    C. 800 　　　　　　　　　　　　　D. 806

7. 某人在银行存款，存款利率为 6%，按复利计。若想在第四年年末取款为 8 750 元，从现在起 4 年内每年年初应存入银行（　　）元。

    A. 1 887 　　　　　　　　　　　　B. 2 000

    C. 2 188 　　　　　　　　　　　　D. 2 525

8. 期望 5 年内每年年末从银行提款 10 000 元，年利率为 10%，按复利计，期初应存入银行（　　）元。

    A. 37 910 　　　　　　　　　　　B. 41 700

    C. 43 550 　　　　　　　　　　　D. 50 000

9. 期望 5 年内每年年初从银行提款 10 000 元，年利率为 10%，按复利计，期初应存入银行（　　）元。

    A. 37 910 　　　　　　　　　　　B. 41 700

    C. 43 550 　　　　　　　　　　　D. 50 000

10. 银行利率为 8%，按复利计，现存款 10 000 元，10 年内每年年末的等额提款额为（　　）元。

    A. 1 000 　　　　　　　　　　　　B. 1 380

    C. 1 490 　　　　　　　　　　　　D. 1 600

11. 在影响资金等值的三个因素中，关键因素是（　　）。

    A. 资金数额的多少 　　　　　　　B. 资金发生的时间长短

    C. 计息周期 　　　　　　　　　　D. 利率

12. 现存款 1 000 元，年利率为 12%，复利按季计息，第二年年末的本利和为（　　）元。

    A. 1 240 　　　　　　　　　　　　B. 1 254

    C. 1 267 　　　　　　　　　　　　D. 1 305

13. 现存款 1 000 元，年利率为 10%，半年复利一次。第 5 年年末存款余额为（　　）元。

    A. 1 628.89 　　　　　　　　　　B. 2 628.89

    C. 1 828.89 　　　　　　　　　　D. 2 828.89

14. 从现在起每年年末存款 1 000 元，年利率为 12%，复利半年计息一次，第 5 年年末本利和为(   )元。

　　A. 5 637

　　B. 6 353

　　C. 6 398

　　D. 13 181

15. 从现在起每年年初存款 1 000 元，年利率为 12%，复利半年计息一次，第 5 年年末本利和为(   )元。

　　A. 6 353

　　B. 6 399

　　C. 7 189

　　D. 13 181

16. 某单位预计从现在起连续 3 年年末有 4 万元的专项支出，为此准备存入银行一笔专项基金，如果年利率为 12%，复利半年一次计息，现在存入银行专项基金的最小额度是(   )万元。

　　A. 9.548

　　B. 9.652

　　C. 10.692

　　D. 19.668

17. 在建筑工程经济分析中，为评价人员提供一个计算某一经济活动有效性或者进行技术方案比较、优选可能性的重要概念是(   )。

　　A. 等值

　　B. 利率

　　C. 现值

　　D. 终值

18. 每半年内存款 1 000 元，年利率为 8%，每季复利一次。第 5 年年末存款余额为(   )元。

　　A. 12 029

　　B. 13 029

　　C. 11 029

　　D. 22 029

19. 某笔贷款的利息按年利率为 10%，每季度复利计息，该贷款的年有效利率为(   )。

　　A. 10.00%

　　B. 10.25%

　　C. 10.38%

　　D. 10.46%

20. 有四个借贷方案：甲方案年贷款利率为 6.11%，每季度复利一次；乙方案年贷款利率为 6%，每季度复利一次；丙方案年贷款利率为 6%，每月复利一次；丁方案年贷款利率为 6%，每半年复利一次。则贷款利率最小的方案是(   )。

　　A. 甲　　　　　B. 丙　　　　　C. 丁　　　　　D. 乙

21. 若名义利率一定，则年有效利率与一年中计息周期数 m 的关系为(   )。

　　A. 计息周期数增加，年有效利率不变

　　B. 计息周期数增加，年有效利率减小

　　C. 计息周期数增加，年有效利率增加

　　D. 计息周期数减小，年有效利率增加

22. 在年利率为 8% 的情况下，3 年后的 125.97 元与现在的(   )元等值。

　　A. 90　　　　　B. 95　　　　　C. 100　　　　　D. 105

23. 每半年年末存款为 2 000 元，年利率为 4%，每季复利计息一次。2 年年末存款本息和为（　　）元。

    A. 8 160.00   B. 8 243.22   C. 8 244.45   D. 8 492.93

24. 公式 $A=P(A/P, i, n)$ 中的 P 应发生在（　　）。

    A. 第一年年初   B. 最后一年年末   C. 第一年年末   D. 任意时刻

二、计算分析题

1. 某人借款 5 000 元，年利率为 10%，则 5 年后应还款多少？

2. 某人现在存款 2 000 元，年利率为 10%，每半年计息一次，复利计息。问：3 年年末存款金额为多少？

3. 某项目有两个贷款方案：第一种：年利率为 16%，每年计息一次。第二种：年利率为 15%，每月计息一次。问：应选择哪个贷款方案？

4. 有一项目，投资 40 万元，年收益 10 万元，年经营费用 6 万元，12 年年末该项目结束并预计有残值 10 万元。试画出其现金流量图。

5. 某企业购置一台新设备，方案实施时，立即投入 20 000 元，第 2 年年初又投入 15 000 元，第 5 年年初又投入 10 000 元。若所有投资均为银行借款，年利率为 5%，问：第 10 年年末应还款多少？

6. 某人计划 5 年后从银行提取 10 万元，如果银行利率为 5%，问：现在应在银行存入多少钱？

7. 小李将每年领到的 240 元独生子女费逐年存入银行，年利率为 5%，当独生子女 14 岁时，按复利计算，其本利和为多少？

8. 某大学生在大学四年学习期间，每学年年初从银行借款 4 000 元用以支付学费，若按年利率 6% 计复利，第四学年末一次归还全部本息需要多少元？

9. 某厂欲积累一笔设备更新基金，金额为 50 万元，用于 4 年后更新设备，如果银行利率为 5%，问每年年末至少要存款多少？

10. 某工程 1 年建成，第二年年初开始生产，服务期为 5 年，每年净收益为 5 万元，投资收益率为 10% 时，恰好能够在寿命期内把期初投资全部收回，问该工程期初投入的资金是多少？

11. 某投资项目贷款 200 万元，贷款利率为 10%，贷款期限为 5 年，若在贷款期内每年年末等额偿还贷款，问每年年末应还款多少恰好在 5 年内还清全部贷款？

项目 3　工程项目经济效果评价指标体系

工程经济分析的任务就是要根据所考察工程的预期目标和所拥有的资源条件,分析该工程的现金流量情况,选择合适的技术方案,以获得最佳的经济效果。而建筑工程经济效果的评价方法包括确定性评价方法(本书只介绍财务评价方法)、不确定性评价方法、国民经济评价和价值工程分析方法。

在上述评价方法中,一般建设项目不需要进行国民经济评价,只有大型的、关系国计民生的项目才需要进行国民经济评价,故本书略去这部分内容;确定性评价方法与不确定性评价方法是最基础的评价方法,本章主要介绍确定性评价方法中的财务评价方法,用其来评价投资方案的财务可行性,它包括静态评价指标和动态评价指标两大类。

任务 3.1　静态评价指标

3.1.1　静态投资回收期

投资回收期是指投资项目的未来现金净流量(或现值)与原始投资额(或现值)相等时所经历的时间,即原始投资额通过未来现金流量回收所需要的时间。投资回收期包括静态投资回收期和动态投资回收期。这里介绍静态投资回收期。

静态回收期没有考虑货币时间价值,直接用未来现金净流量累计到原始投资数额时所经历的时间作为回收期。

(1)未来每年现金净流量相等时。这种情况是一种年金形式,即:

$$静态回收期＝原始投资额/每年现金净流量 \tag{3-1}$$

【例 3-1】　胜利工厂准备从甲、乙两种机床中选购一种机床。甲机床购价为 49 000 元,投入使用后,每年现金流量为 7 000 元;乙机床购价为 36 000 元,投入使用后,每年现金流量为 8 000 元。问:用回收期指标决策该厂应选购哪种机床?

解: 甲机床回收期＝49 000/7 000＝7(年)

乙机床回收期＝50 000/8 000＝6.25(年)

计算结果表明,乙机床的回收期比甲机床短,该工厂应选购乙机床。

(2)未来每年现金净流量不相等时。在这种情况下,应把每年的现金净流量逐年加总,根据累计现金流量来确定回收期。

【例 3-2】　胜利公司有一投资项目,需投资 150 000 元,使用年限为 5 年,每年的现金流量不相等，资本成本率为5%，有关资料见表3-1。计算该投资项目的回收期。

表 3-1　胜利公司现金流量表　　　　　　　　　　（单位：元）

年份	现金净流量	累计净流量
1	30 000	30 000
2	36 000	66 000
3	70 000	136 000
4	40 000	176 000
5	40 000	216 000

解：从表3-1中的"累计净流量"栏中可以看出，该投资项目的回收期在第3年与第4年之间。为了计算较为准确的回收期，采用以下方法计算：

$$静态回收期 = 3 + (150\ 000 - 136\ 000)/40\ 000 = 3.35(年)$$

静态投资回收期在一定程度上显示了资本的周转速度。对于那些技术上更新迅速的技术方案，或资金相当短缺的技术方案，或未来的情况很难预测而投资者又特别关心资金补偿的技术方案，采用静态投资期评价特别有实用意义。但不足的是，静态投资回收期没有全面地考虑技术方案整个计算期内现金流量，即只考虑回收之前的效果，不能反映投资回收之后的情况，故无法准确衡量技术方案整个计算周期内的经济效果。

3.1.2　投资收益率

（1）内涵。投资收益率是衡量技术方案获利水平的评价指标，是技术方案建成投产达到设计生产能力后一个正常生产年份的年净收益额与技术方案投资的比率。其计算公式为：

$$R = \frac{A}{I} \times 100\% \tag{3-2}$$

式中　R——投资收益率；

　　　A——技术方案年净收益额或年平均净收益额；

　　　I——技术方案投资。

意义所在：在正常生产年份中，单位投资每年所创造的年净收益额。

（2）判别准则。大于或等于基准投资收益率，则可以接受；否则，方案不可行。

（3）应用式。根据分析的目的不同，投资收益率又具体分为总投资收益率（ROI）、资本金净利润率（ROE）。

1）总投资收益率（ROI）。总投资收益率（ROI）表示总投资的盈利水平，按下式计算：

$$ROI = \frac{EBIT}{TI} \tag{3-3}$$

式中　$EBIT$——技术方案正常年份的年息税前利润或运营期内年平均息税前利润；

　　　TI——技术方案总投资（包括建设投资、建设期贷款利息和全部流动资金）。

2)资本金净利润率(ROE)。技术方案资本金净利润率(ROE)表示技术方案资本金的盈利水平，按下式计算：

$$ROE = \frac{NP}{EC} \times 100\% \tag{3-4}$$

式中　NP——年平均净利润；

　　　EC——资本金。

对于技术方案而言，若总投资收益率或资本金净利润率高于同期银行利率，适度举债是有利的；反之，过高的负债比率将损害企业和投资者的利益。

【例3-3】　已知某技术方案的拟投入资金和利润，见表3-2。计算该技术方案的总投资收益率和资本金利润率。

表3-2　某技术方案拟投入资金和利润表　　　　　　　　（单位：万元）

序号	项目＼年份	1	2	3	4	5	6	7～10
1	建设投资							
1.1	自有资金部分	1 200	340					
1.2	贷款本金		2 000					
1.3	贷款利息（年利率为6%，投产后前4年等本偿还，利息照付）		60	123.6	92.7	61.8	30.9	
2	流动资金							
2.1	自有资金部分			300				
2.2	贷款			100	400			
2.3	贷款利息（年利率为4%）			4	20	20	20	20
3	所得税前利润			−50	550	590	620	650
4	所得税后利润（所得税税率为25%）			−50	425	442.5	465	487.5

解：（1）计算总投资收益率（ROI）。

①总投资。

TI＝建设投资＋建设期贷款利息＋全部流动资金

　　＝（1 200＋340＋2 000）＋60＋（300＋100＋400）

　　＝4 400（万元）

②年平均息税前利润。

$EBIT$＝[（123.6＋92.7＋61.8＋30.9＋4＋20×7）＋（−50＋550＋590＋620＋650×4）]÷8

　　　＝（453＋4 310）÷8＝595.4（万元）

③总投资收益率(ROI)。

$$ROI = \frac{EBIT}{TI} \times 100\% = \frac{595.4}{4\,400} \times 100\% = 13.53\%$$

(2)计算资本金净利润率(ROE)。

①资本金 $EC = 1\,200 + 340 + 300 = 1\,840$(万元)

②年平均净利润 $NP = (-50 + 425 + 442.5 + 465 + 487.5 \times 4) \div 8$

$$= 3\,232.5 \div 8$$

$$= 404.06(万元)$$

③资本金净利润率(ROE)$= 404.06/1\,840 \times 100\% = 21.96\%$

优点：意义明确、直观，计算简便，可适用于各种投资规模。

缺点：忽略了资金的时间价值；正常年份的选取主观色彩浓厚。

适用范围：其主要适用于技术方案制定的早期阶段或研究过程，且计算期较短、不具备综合分析所需详细资料的技术方案，尤其适用于工艺简单而生产情况变化不大的技术方案的选择和投资经济效果的评价。

任务 3.2 动态评价指标

动态评价指标就是考虑资金时间价值因素的指标。其主要包括净现值、年金净流量、内部收益率、动态投资回收期等。

3.2.1 净现值

(1)净现值的含义与原理。一个投资项目，其未来现金净流量现值与原始投资额现值之间的差额，称为净现值(Net Present Value，NPV)。

$$净现值(NPV) = 未来现金净流量现值 - 原始投资额现值 \tag{3-5}$$

(2)净现值指标的决策标准。当净现值为正时，方案可行，说明方案的实际报酬率高于所要求的报酬率；当净现值为负时，方案不可行，说明方案的实际投资报酬率低于所要求的报酬率；当净现值为零时，说明方案的投资报酬等于所要求的投资报酬，方案可行。

(3)对净现值法的评价。

1)优点。

①适用性强，能基本满足项目年限相同的互斥投资方案的决策。

②能灵活地考虑投资风险。

净现值法在所设定的贴现率中包含投资风险报酬率要求，就能有效地考虑投资风险。

2)缺点。

①所采用的贴现率不易确定。如果两种方案采用不同的贴现率贴现，采用净现值法不能够得出正确结论。在同一方案中，如果要考虑投资风险，要求的风险报酬率不易确定。

②不适宜于独立投资方案的比较决策。在独立投资方案比较中，尽管某项目净现值大于其他项目，但所需投资额大，获利能力可能低于其他项目，而该项目与其他项目又是非互斥的，因此只凭净现值大小无法决策。

③净现值有时也不能用于对寿命期不同的互斥投资方案进行直接决策。某项目尽管净现值小，但其寿命期短；另一项目尽管净现值大，但它是较长的寿命期内取得的。两项目由于寿命期不同，因而净现值是不可比的。要采用净现值法对寿命期不同的投资方案进行决策，需要将各方案均转化为相等寿命期进行比较。

【例 3-4】 某企业拟进行一项固定资产投资，资本成本率为 6%，该项目的现金流量表（部分）见表 3-3，计算投资项目净现值。

表 3-3　某项目的现金流量表

时间	投资期		营业期				
	0	1	2	3	4	5	6
现金净流量	−1 000	−1 000	100	1 000	1 800	1 000	1 000

解：净现值 $=-1\ 000-1\ 000\times(P/F,\ 6\%,\ 1)+100\times(P/F,\ 6\%,\ 2)+1\ 000\times(P/F,\ 6\%,\ 3)+1\ 800\times(P/F,\ 6\%,\ 4)+1\ 000\times(P/F,\ 6\%,\ 5)+1\ 000\times(P/F,\ 6\%,\ 6)$

$=1\ 863.3$（万元）

3.2.2　年金净流量

(1)年金净流量的定义。项目期间内全部现金净流量总额的总现值或总终值折算为等额年金的平均现金净流量，称为年金净流量（ANCF）。本质上，即假设计算出净现值后，求年金。

(2)年金净流量的计算原理。其计算公式为：

$$NPV=ANCF\times(P/A,\ I,\ n) \tag{3-6}$$

$$年金净流量\ ANCF=\frac{现金净流量总现值(NPV)}{年金现值系数(P/A,\ i,\ n)} \tag{3-7}$$

年金净流量指标的结果大于零，说明投资项目的净现值（或净终值）大于零，方案的报酬率大于所要求的报酬率，方案可行；在两个以上寿命期不同的投资方案比较时，年金净流量越大，方案则越好。

(3)对年金净流量法的评价。

1)年金净流量法是净现值法的辅助方法，在各方案寿命期相同时，实质上就是净现值法。

2)年金净流量法适用于期限不同的投资方案决策。

3)具有与净现值法同样的缺点，不便于对原始投资额不相等的独立投资方案进行决策。

【例 3-5】 某公司现决定新购置一台设备，现在市面上有甲、乙两种品牌可供选择，相比之下，乙设备比较便宜，但寿命较短。两种设备的现金净流量预测见表3-4。

表 3-4　设备的现金净流量　　　　　（单位：元）

品牌	0	1	2	3	4	5	6
甲	−40 000	8 000	14 000	13 000	12 000	11 000	10 000
乙	−20 000	7 000	13 000	12 000			

该公司要求的最低投资收益率为12%，相关资料见表3-5(现值系数取三位小数，计算结果保留两位小数)。

要求：为该公司购买何种设备做出决策并说明理由。

表 3-5　复利现值系数表

期数	1	2	3	4	5	6
$(P/F, 12\%, n)$	0.893	0.797	0.712	0.636	0.567	0.507
$(P/A, 12\%, n)$	—	—	2.402	—	—	4.111

解： 两项目使用年限不同，净现值是不可比的，应考虑它们的年金净流量。根据表3-5求得：

甲设备的净现值 $=−40\ 000+8\ 000×(P/F, 12\%, 1)+14\ 000×(P/F, 12\%, 2)+$
　　　　　$13\ 000×(P/F, 12\%, 3)+12\ 000×(P/F, 12\%, 4)+11\ 000×$
　　　　　$(P/F, 12\%, 5)+10\ 000×(P/F, 12\%, 6)$

　　　　　$=−40\ 000+8\ 000×0.893+14\ 000×0.797+13\ 000×0.712+12\ 000×$
　　　　　$0.636+11\ 000×0.567+10\ 000×0.507$

　　　　　$=−40\ 000+7\ 144+11\ 158+9\ 256+7\ 632+6\ 237+5\ 070$

　　　　　$=6\ 497(元)$

乙设备的净现值 $=−20\ 000+7\ 000×(P/F, 12\%, 1)+13\ 000×(P/F, 12\%, 2)+$
　　　　　$12\ 000×(P/F, 12\%, 3)$

　　　　　$=−20\ 000+7\ 000×0.893+13\ 000×0.797+12\ 000×0.712$

　　　　　$=−20\ 000+6\ 251+10\ 361+8\ 544$

　　　　　$=5\ 156(元)$

甲设备的年金净流量 $=NPV/(P/A, 12\%, 6)=6\ 497/4.111=1\ 580.39(元)$

乙设备的年金净流量 $=NPV/(P/A, 12\%, 3)=5\ 156/2.402=2\ 146.54(元)$

由于甲、乙设备的年限不同，所以不能直接比较其净现值的大小来进行决策，而应根据甲、乙设备的年金净流量来决策，由于乙设备的年金净流量大于甲设备的年金净流量，应选择购买乙设备。

3.2.3　现值指数

(1)现值指数的含义。现值指数(Present Value Index，PVI)是投资项目的未来现金净流量现值与原始投资额现值之比。

（2）现值指数的计算公式。

$$PVI＝项目投产后各年现金净流量现值之和/原始投资现值 \qquad (3-8)$$

需要注意的是："项目投产后各年现金净流量现值之和"是不包括投资期的投资现值的。

（3）决策原则。若现值指数大于或等于 1，方案可行，说明方案实施后的投资报酬率高于或等于预期报酬率；若现值指数小于 1，方案不可行，说明方案实施后的投资报酬率低于预期报酬率。现值指数越大，方案越好。

（4）对现值指数法的评价。现值指数法也是净现值法的辅助方法，在各方案原始投资额现值相同时，实质上就是净现值法。

PVI 是一个相对数指标，反映了投资效率，可适用于投资额现值不同的独立方案比较，这样，可以克服净现值指标的不便于对原始投资额现值不同的独立投资方案进行比较和评价的缺点，从而使对方案的分析评价更加合理、客观。

【例 3-6】 有两个独立投资方案，有关资料见表 3-6。

表 3-6 净现值计算表 （单位：元）

项 目	方案 A	方案 B
原始投资额现值	20 000	2 000
投产后现金净流量现值	21 500	3 200
净现值	1 500	1 200

解：从净现值的绝对数来看，方案 A 大于方案 B，似乎应采用方案 A；但从投资额来看，方案 A 的投资额现值大大超过了方案 B。所以，在这种情况下，如果仅用净现值来判断方案的优劣，就难以做出正确的比较和评价。按现值指数法计算：

方案 A 现值指数＝21 500/20 000＝1.075

方案 B 现值指数＝3 200/2 000＝1.6

计算结果表明，方案 B 的现值指数大于方案 A，应选择方案 B。

3.2.4 内部收益率(也称内含报酬率)

（1）定义。内含报酬率（Internal Rate of Return，IRR），是指对投资方案未来的每年现金净流量进行贴现，使所得的现值恰好与原始投资额现值相等，从而使净现值等于零时的贴现率。

（2）理论数学表达式。

$$FNPV(FIRR) = \sum_{t=0}^{n} (CI - CO)_i (1 + FIRR)^t \qquad (3-9)$$

（3）计算方法。

1）未来每年现金净流量相等时(年金法)。每年现金净流量相等是一种年金形式，通过查年金现值系数表，可计算出未来现金净流量现值，并令其净现值为零，即：

未来每年现金净流量×年金现值系数−原始投资额现值=0　　　　　（3-10）

计算出净现值为零时的年金现值系数后，通过查年金现值系数表，即可找出相应的贴现率i，该贴现率就是方案的内含报酬率。

【例3-7】 胜利工厂拟购入一台新型设备，购价为190万元，使用年限为10年，无残值。该方案的最低投资报酬率要求为9%（以此作为贴现率）。使用新设备后，估计每年产生现金净流量30万元。请用内含报酬率指标评价该方案是否可行？

解：令300 000×年金现值系数−1 900 000=0

得：$(P/A, IRR, 10)=6.333\ 3$，又因为：

$(P/A, 9\%, 10)=6.417\ 7$；$(P/A, 10\%, 10)=6.144\ 6$，用内插法计算：

$(9\%-IRR)/(6.417\ 7-6.333\ 3)=(9\%-10\%)/(6.417\ 7-6.144\ 6)$

$$IRR=9.03\%$$

9.03%大于最低投资报酬率9%，因此项目是可行的。

2）未来每年现金净流量不相等时。如果投资方案的每年现金流量不相等，各年现金流量的分布就不是年金形式，不能采用直接查年金现值系数表的方法来计算内含报酬率，而需采用逐次测试法，也称内插法。

【例3-8】 胜利公司有一投资方案，需一次性投资220 000元，使用年限为5年，第1—4年每年现金净流量均为43 500元，第5年的现金净流量为158 500元，请计算该投资方案的内含报酬率，并据其以评价该方案是否可行。该公司要求的最低投资收益率为12%。

解：当$i=12\%$时：

$NPV=-220\ 000+43\ 500×(P/A, 12\%, 4)+158\ 500×(P/F, 12\%, 5)$

$\quad\ \ =-220\ 000+43\ 500×3.037\ 3+158\ 500×0.567\ 4$

$\quad\ \ =2\ 055.45（元）$

当$i=14\%$时：

$NPV=-220\ 000+43\ 500×(P/A, 14\%, 4)+158\ 500×(P/F, 14\%, 5)$

$\quad\ \ =-220\ 000+43\ 500×2.913\ 7+158\ 500×0.519\ 4$

$\quad\ \ =-10\ 929.15（元）$

用内插法求内含报酬率：

$(12\%-IRR)/(2\ 055.45-0)=(12\%-14\%)/[2\ 055.45-(-10\ 929.15)]$

$$IRR=12.32\%$$

由于该项目的内含报酬率12.32%大于要求的最低投资收益率12%，所以开发新项目是可行的。

（4）决策原则。只有当该指标大于或等于基准收益率或资本成本的投资项目才具有财务可行性。

（5）对内含报酬率法的评价。

1）内含报酬率法的主要优点。

①内含报酬率反映了投资项目可能达到的报酬率，易于被高层决策者所理解。

②对于独立投资方案的比较决策，如果各方案原始投资额现值不同，可以通过计算各方案的内含报酬率，反映各独立投资方案的获利水平。

2)内含报酬率法的主要缺点。

①计算复杂，不易直接考虑投资风险大小。

②在互斥投资方案决策时，如果各方案的原始投资额现值不相等，有时无法做出正确的决策。

某一方案原始投资额低，净现值小，但内含报酬率可能较高；而另一方案原始投资额高，净现值大，但内含报酬率可能较低。

3.2.5 动态投资回收期

动态投资回收期需要对投资引起的未来现金净流量进行贴现，以未来现金净流量的现值等于原始投资额现值时所经历的时间为回收期。

(1)未来每年现金净流量相等时。在这种年金形式下，假定经历几年所取得的未来现金净流量的年金现值系数为$(P/A，i，n)$，即：

$$(P/A，i，n)=\frac{原始投资额现值}{每年现金净流量} \tag{3-11}$$

计算出年金现值系数后，通过查年金现值系数表，利用插值法，即可推算出回收期n。

【例3-9】 胜利公司准备从甲、乙两种设备中选购一种(假设寿命期均为10年)。甲设备购价为45 000元，投入使用后，每年现金流量为9 000元；乙设备购价为27 000元，投入使用后，每年现金流量为6 000元。假定资本成本率为9%，要求：计算甲乙设备的动态回收期。

解：甲设备年金现值系数＝45 000/9 000＝5

乙设备年金现值系数＝27 000/6 000＝4.5

查表得知当$i=9\%$时，第6年年金现值系数为4.486，第7年年金现值系数为5.033。运用内插法计算，得知甲设备$n=6.94$年，乙设备$n=6.03$年。

(2)未来每年现金净流量不相等时。在这种情况下，应把每年的现金净流量逐一贴现并加总，根据累计现金流量现值来确定回收期。

【例3-10】 以例3-2数据为例(投资150 000元)，相关资料见表3-7，计算其动态回收期。

表3-7 某项目现金流量表 （单位：元）

年份	现金净流量	净流量现值	累计现值
1	30 000	28 572	28 572
2	36 000	32 652	61 224
3	70 000	32 652	121 690
4	40 000	32 908	154 598
5	40 000	31 340	185 938

解：动态投资回收期＝3＋(150 000－121 690)/32 908＝3.86(年)

(3)回收期法的评价。

1)回收期法的优点。计算简便，易于理解。这种方法是以回收期的长短来衡量方案的优劣，投资的时间越短，所冒的风险越小。可见，回收期法是一种较为保守或稳妥的方法。

2)回收期法的缺点。

①静态回收期的不足之处是没有考虑货币的时间价值，也就不能计算出较为准确的投资经济效益。

②静态回收期和动态回收期还有一个共同局限，就是它们计算回收期时只考虑了未来现金流量小于和等于原投资额的部分，没有考虑超过原投资额的部分。显然，回收期长的项目，其超过原投资额的现金流量并不一定比回收期短的项目少。

➤ 项目小结

技术方案的经济效果评价指标不是唯一的，在建筑工程经济分析中，常用的经济效果评价指标形成了一个体系，包括静态评价指标和动态评价指标两大类。

静态评价指标的最大特点是不考虑时间因素，且计算简便。所以，在对技术方案进行粗略评价，或对短期投资方案进行评价，或对逐年收益大致相等的技术方案进行评价时采用。

动态评价指标强调利用复利方法计算资金时间价值，它将不同时间内资金的流入和流出换算成同一时点的价值，从而为不同技术方案的经济比较提供了可比基础，并能反映技术方案在未来时期的发展变化。

总之，在进行技术方案经济效果评价时，应根据评价深度要求、可获得资料的多少及评价方案本身的条件，选用多个不同的评价指标，这些指标主次分明，从不同侧面反映评价方案的经济效果。

➤ 项目练习

一、单项选择题

1. 经济效果评价内容不包括(　　)。

A. 方案盈利能力　　　　　　　　　　B. 方案偿债能力

C. 方案筹资能力　　　　　　　　　　D. 方案财务生存能力

2. 技术方案经济效果分析中，计算经济效果评价指标和考察技术方案经济效果可行性的依据是(　　)。

A. 影子价格　　　　　　　　　　　　B. 历史市场价格

C. 现行市场价格　　　　　　　　　　D. 预期市场价格

3. 反映技术方案偿债能力的主要指标不包括( )。

A. 利息备付率

B. 偿债备付率

C. 财务内部收益率

D. 资产负债率

4. 在技术方案经济效果评价中，技术方案计算期的两个阶段分别为( )。

A. 运营期和投产期

B. 投产期和达产期

C. 建设期和投产期

D. 建设期和运营期

5. 下列各选项中，属于技术方案静态分析指标的是( )。

A. 内部收益率

B. 投资收益率

C. 净现值率

D. 净现值

6. 动态分析指标中计算资金时间价值强调利用的方法是( )。

A. 等值

B. 折现

C. 复利

D. 单利

7. 关于技术方案经济效果评价指标的说法，下列错误的是( )。

A. 动态分析指标考虑了资金时间价值

B. 静态分析指标没有考虑资金时间价值

C. 动态分析指标反映了技术方案的盈利能力

D. 动态分析指标中最常用的指标是动态投资回收期

8. 投资收益率是指( )。

A. 年销售收入与技术方案投资额的比率

B. 年平均净收益额与技术方案投资额的比率

C. 年销售收入与技术方案固定资产投资额的比率

D. 年净收益额与技术方案固定资产投资的比率

9. 关于总投资收益率的描述，下列错误的是( )。

A. 总投资收益率用来衡量权益投资的获利能力

B. 总投资收益率用大于行业的平均投资收益率

C. 总投资收益率越高，技术方案获得的收益也越多

D. 总投资收益率高于同期银行利率，适度举债有力

10. 某技术方案固定资产投资为 5 000 万元，流动资金为 450 万元，该技术方案投产期年利润总额为 900 万元，达到设计生产能力的正常年份年利润总额为 1 200 万元，则该技术方案正常年份的总投资收益率为( )。

A. 17%

B. 18%

C. 22%

D. 24%

11. 在技术方案经济效果评价中，将计算出的投资收益(R)与所确定的基准投资收益率(Rc)进行比较。如果技术方案可以考虑接受，则( )。

A. $R < Rc$

B. $R \neq Rc$

C. $R \geq Rc$

D. $R = Rc$

12. 技术方案资本金净利润率是技术方案正常年份的某项指标与技术方案资本金的比率，该项指标是（   ）。

A. 利润总额

B. 利润总额－所得税

C. 利润总额－所得税－贷款利息

D. 利润总额＋折旧费

13. 技术方案静态投资回收期是在不考虑资金时间价值的条件下，以技术方案的净收益回收总投资所需要的时间。总投资是指（   ）。

A. 建设投资

B. 权益投资

C. 建设投资＋流动资金

D. 权益投资＋自有流动资金

14. 通过静态投资回收期与某一指标的比较，可以判断技术方案是否可行。该项指标是（   ）。

A. 技术方案寿命期

B. 技术方案实施期

C. 基准投资回收期

D. 动态投资回收期

15. 将计算出的静态投资回收期 Pt 与所确定的基准投资回收期 Pc 进行比较，若技术方案可以考虑接受，则（   ）。

A. $Pt \leqslant Pc$

B. $Pt > Pc$

C. $Pt \geqslant 0$

D. $Pt < 0$

16. 如果技术方案经济上可行，则该方案财务净现值（   ）。

A. 大于零

B. 大于总利润

C. 大于建设项目总投资

D. 大于总成本

17. 技术方案除满足基准收益率要求的盈利外，还能得到超额收益的条件是（   ）。

A. $FNPV < 0$

B. $FNPV = 0$

C. $FNPV > 0$

D. $FNPV \neq 0$

18. 如果技术方案在经济上是可以接受的，其财务内部收益率应（   ）。

A. 小于基准收益率

B. 小于银行贷款利率

C. 大于基准收益率

D. 大于银行贷款利率

19. 基准收益率是企业、行业或投资者以动态观点确定的、可接受的技术方案一定标准的收益水平。这里的一定标准是指（   ）。

A. 最低标准

B. 较好标准

C. 最高标准

D. 一般标准

20. 对于常规的技术方案，基准收益率越小，则（   ）。

A. 财务净现值越小

B. 财务净现值越大

C. 财务内部收益率越小

D. 财务内部收益率越大

21. 某技术方案的初期投资额为 1 500 万元，此后每年年末的净现金流量为 400 万元，若基准收益率为 15%，方案的寿命期为 15 年，则该技术方案的财务净现值为（   ）万元。

A. 739

B. 839

C. 939

D. 1 200

22. 某技术方案各年的净现金流量如下图所示，折现率为 10%，关于该技术方案财务净现值额度及方案的可行性,下列选项正确的是( )。

A. 63.72 万元,方案不可行　　　　　　B. 128.73 万元,方案可行

C. 156.81 万元,方案可行　　　　　　D. 440.00 万元,方案可行

23. 使技术方案财务净现值为零的折现率称为( )。

A. 资金成本率　　　　　　　　　　　B. 财务内部收益率

C. 财务净现值率　　　　　　　　　　D. 基准收益率

24. 财务内部收益率是指技术方案在特定的时间范围内,财务净现值为零的折现率。这一特定的时间范围是指技术方案的( )。

A. 自然寿命期　　　　　　　　　　　B. 生产经营期

C. 整个计算期　　　　　　　　　　　D. 建设期

25. 若 A、B 两个具有常规现金流量的方案互斥,其财务净现值 $FNPV(i)_A > FNPV(i)_B$,则( )。

A. $FIRR_A > FIRR_B$　　　　　　　　B. $FIRR_A = FIRR_B$

C. $FIRR_A < FIRR_B$　　　　　　　　D. $FIRR_A$ 与 $FIRR_B$ 的关系不确定

26. 对于常规的技术方案,在采用直线内插法近似求解财务内部收益率时,近似解与精确解之间存在的关系是( )。

A. 近似解<精确解　　　　　　　　　B. 近似解>精确解

C. 近似解=精确解　　　　　　　　　D. 不确定关系

27. 如果技术方案在经济上是可以接受的,其财务内部收益率应( )。

A. 小于基准收益率　　　　　　　　　B. 小于银行贷款利率

C. 大于基准收益率　　　　　　　　　D. 大于银行贷款利率

28. 如果技术方案在经济上可行,则有( )。

A. 财务净现值<0,财务内部收益率>基准收益率

B. 财务净现值<0,财务内部收益率<基准收益率

C. 财务净现值≥0,财务内部收益率≥基准收益率

D. 财务净现值≥0,财务内部收益率<基准收益率

29. 如果某技术方案财务内部收益率大于基准收益率,则其财务净现值( )。

A. 大于零　　　　B. 小于零　　　　C. 等于零　　　　D. 不确定

30. 某具有常规现金流量的技术方案,经计算 $FNPV(17\%)=230$,$FNPV(18\%)=-78$,则该技术方案的财务内部收益率为( )。

A. 17.3%　　　　B. 17.5%　　　　C. 17.7%　　　　D. 17.9%

31. 对于常规技术方案，若该技术方案的 $FNPV(18\%)>0$，则必有（　　）。

A. $FNPV(20\%)>0$　　　　　　　　B. $FIRR>18\%$

C. 静态投资回收期等于方案的计算期　　D. $FNPVR(18\%)>1$

32. 基准收益率是企业、行业或投资者以动态观点确定的、可接受的技术方案一定标准的收益水平。这里的一定标准是指（　　）。

A. 最低标准　　　　　　　　　　　B. 较好标准

C. 最高标准　　　　　　　　　　　D. 一般标准

33. 对于常规的技术方案，基准收益率越小，则（　　）。

A. 财务净现值越小　　　　　　　　B. 财务净现值越大

C. 财务内部收益率越小　　　　　　D. 财务内部收益率越大

34. 对于一个特定的技术方案，若基准收益率变大，则（　　）。

A. 财务净现值与财务内部收益率均减小

B. 财务净现值与财务内部收益率均增大

C. 财务净现值减小，财务内部收益率不变

D. 财务净现值增大，财务内部收益率减小

35. 资金成本不包括（　　）。

A. 取得资金使用权所支付的费用　　B. 投资的机会成本

C. 筹资费　　　　　　　　　　　　D. 资金的使用费

二、多项选择题

1. 内部收益率指标的主要缺点有（　　）。

A. 可能出现多值

B. 不能反映项目的盈利能力

C. 不符合企业利润最大化的经营目标

D. 不能用于无资金限制条件下独立项目可行性的评价

E. 在对工程方案进行比较时，有可能与 NPV 指标发生矛盾

2. 净现值指标的优点包括（　　）。

A. 能够累加计算多个项目的效益

B. 能够计量项目投资的收益率

C. 能够计量项目投资回收的时间

D. 能够计量项目将创造的账面净利润

E. 可以在有资金限制的条件下对投资额不同的项目进行比较

3. 在方案优选中，用差额投资 IRR 来替代 IRR 的理由包括（　　）。

A. 后者是绝对指标

B. 后者是相对指标

C. 后者比前者计算复杂

D. 前者不与 NPV 的结论发生矛盾

项目4　投资方案的选择

任务 4.1　项目投资方案

通过前述项目 3 的介绍，一个项目得出了是否具备财务可行性的结论，是围绕一个项目从财务角度开展的评价工作；而投资方案的选择（或称投资决策）是通过比较，从可供选择的备选方案中选择一个或一组最优方案的过程，其结果是从多个方案中作出最终的选择。

许多人将财务可行性评价指标的计算方法等同于投资决策的方法，这是完全错误的。在投资决策方法中，从来就不存在所谓的投资回收期法和内部收益率法。

本项目将介绍投资决策的主要方法。

4.1.1　方案优选时的分类

出于不同的目的，方案可有许多不同的分类。出于优选的目的，可分为独立方案与互斥方案，寿命期相同方案与寿命期不同方案。

（1）独立方案与互斥方案。对工程项目方案进行评价时，通常可以分为两种情况：一种是单个方案的评价，即工程项目只有一种技术方案或独立的方案可供选择；另一种是多个方案的评价，即工程项目有几种技术方案可供选择。对于单个方案的评价，只要借助前文介绍的评价指标便可以决定项目的取舍；对于多个方案的评价往往较为复杂，需要考虑各方案之间的相互关系。

1）独立方案是指技术方案之间互不干扰、在经济上互不相关的技术方案，即这些技术方案是彼此独立无关的。选择或放弃其中一个技术方案，并不能影响其他技术方案的选择。显然，单一方案是独立型方案的特例。

2）互斥方案是指选择其中某一方案，其他方案就必然会被排斥的一组方案。

3）混合方案是指在方案群内包括的各个方案之间既有独立关系，又有互斥关系。

（2）寿命期相同方案与寿命期不同方案。寿命期相同的方案可以直接进行比较，而寿命期不同的方案，由于比较的基础（现金流量的期次）不同，不能直接进行比较。必须在对寿命期作出适当的调整后，才能进行比较和优选。

4.1.2　需要对方案进行优选的情况

（1）有资金限制条件下的独立项目。在这种情况下，由于企业可获得的资金量受到限制而投资机会又相对较多，资金需求量大于供给量，必须对备选项目进行排序和优选，找出在可获资金量范围内，能够使企业效益最大化的项目或项目组合。

（2）无资金限制的互斥项目方案。由于互斥项目方案具有排他性或相互替代性，选择了一个方案，其他方案便自动放弃，因此，即使没有资金限制，也要进行比较，找出备选方案中效益最大的方案。

（3）有资金限制的互斥项目方案。对于受到资金限制的互斥项目方案，首先要找出能够满足资金限额条件的方案，然后再确定其中哪个为最优方案。

4.1.3 基准收益率的确定

基准收益率也称基准折现率，是企业或行业投资者以动态的观点所确定的、可接受的技术方案最低标准的收益水平。其在本质上体现了投资决策者对技术方案资金时间价值的判断和对技术方案风险程度的估计，是投资资金应当获得的最低盈利率水平。

基准收益率是评价和判断技术方案在财务上是否可行和技术方案比选的主要依据。因此，基准收益率确定得合理与否，对技术方案经济效果的评价结论有直接的影响。定得过高或过低，都会导致投资决策的失误。

基准收益率的测定应遵循以下基本原则。

（1）在政府投资项目及按政府要求进行财务评价的建设项目中采用的行业财务基准收益率，应根据政府的政策导向进行确定。

（2）在企业各类技术方案的经济效果评价中参考选用的行业财务基准收益率，应在分析一定时期内国家和行业发展战略、发展规划、产业政策、资源供给、市场需求、资金时间价值、技术方案目标等情况的基础上，结合行业特点、行业资本构成情况等因素综合测定。

（3）在中国境外投资的技术方案财务基准收益率的测定，应首先考虑国家风险因素。

（4）投资者自行测定技术方案的最低可接受财务收益率，除应考虑上述第（2）条中所涉及的因素外，还应根据自身的发展战略和经营策略、技术方案的特点与风险、资金成本、机会成本等因素综合测定。

1）资金成本是为取得资金使用权所支付的费用，主要包括筹资费和资金的使用费。

2）投资的机会成本是指投资者将有限的资金用于拟实施技术方案而放弃的其他投资所能获得的最大收益。

3）投资风险。在整个技术方案计算期内，存在着发生不利于技术方案的环境变化的可能性，这种变化难以预料，即投资者要冒着一定的风险作决策。

4）通货膨胀。通货膨胀是指由于货币（这里指纸币）的发行量超过商品流通所需要的货币量而引起的货币贬值和物价上涨的现象。在通货膨胀影响下，各种材料、设备房屋、土地的价格以及人工费都会上升。为反映和评价出拟实施技术方案在未来的真实经济效果，在确定基准收益率时，应考虑这种影响，结合投入产出价格的选用决定对通货膨胀因素的处理。投资者自行测定的基准收益率可按下式计算。

若技术方案的现金流量是按当年价格预测估算的，即

$$i_c=(1+i_1)(1+i_2)(1+i_3)-1\approx i_1+i_2+i_3 \qquad (4\text{-}1)$$

若技术方案的现金流量是按基年不变价格预测估算的，预测结果已排除通货膨胀因素的影响，就不再重复考虑通货膨胀的影响去修正，即：

$$i_c=(1+i_1)(1+i_2)-1\approx i_1+i_2 \qquad (4\text{-}2)$$

式中　i_c——基准收益率；

　　　i_1——资金成本和机会成本；

　　　i_2——风险补贴率；

　　　i_3——年通货膨胀率。

任务 4.2　独立方案的经济效果评价

对独立型方案的评价选择，其实质就是在"做"与"不做"之间进行选择。因此，独立型方案在经济上是否可接受，取决于技术方案自身的经济性，即技术方案的经济指标是否达到或超过了预定的评价标准或水平。因此，只需通过计算技术方案的经济指标，并按照指标的判别准则加以检验就可以做到，这种对技术方案自身的经济性的检验叫作"绝对经济效果检验"。若技术方案通过了绝对经济效果检验，就认为技术方案在经济上是可行的，可以接受的，是值得投资的；反之，应予以拒绝。

4.2.1　完全不相关独立方案的比较与选择

在无资源约束的情况下，独立方案在经济上是否可以接受，取决于备选方案自身，即方案的经济效果是否达到或超过了预定的评价标准。因此，独立方案的比较、选择与单一方案的评价方法一致：只要能通过自身经济效果检验（绝对效果检验）的备选方案，都是可以接受的。

完全不相关独立方案的比较与选择，可以采取净现值、净年值、内部收益率、投资回收期、投资收益率等各种动态、静态评价指标。

【例 4-1】　某投资项目有三个方案 A、B、C 可供选择，是独立投资方案，各年的现金流量见表 4-1，请判断方案的经济可行性（$i_c=12\%$）。

表 4-1　某投资项目各年现金流量表　　　　　　　　　　（单位：万元）

方案	初始投资	1～10 年净收益
A	−360	90
B	−600	120
C	−675	150

解： 求净现值：

$$NPV_A = -360 + 90(P/A, 12\%, 10) = -360 + 90 \times 5.650 = 148.5$$

$$NPV_B = -600 + 120(P/A, 12\%, 10) = -600 + 120 \times 5.650 = 78$$

$$NPV_C = -675 + 150(P/A, 12\%, 10) = -675 + 150 \times 5.650 = 172.5$$

根据判别准则，由于 $NPV_A > 0$；$NPV_B > 0$；$NPV_C > 0$，所以方案 A、B、C 均可接受。

求内部收益率：

$$-360 + 90(P/A, IRR_A, 10) = 0$$

$$-600 + 120(P/A, IRR_B, 10) = 0$$

$$-675 + 150(P/A, IRR_C, 10) = 0$$

查表并用线性内插法可得：$IRR_A = 21.41\%$；$IRR_B = 15.10\%$，$IRR_C = 17.96\%$

根据判别准则，由于 $IRR_A > i_c$；$IRR_B > i_c$；$IRR_C > i_c$；所以，方案 A、B、C 均可接受。

无论采用净现值还是内部收益率，评价结果都是相同的。

4.2.2 有资源约束的独立方案的比较与选择

在存在资源约束的情况下，各独立方案之间因资源有限而存在一定的相关性。最常见的情况是资金有限，决策者只能根据资金的多少选择其中若干个方案。存在资源约束情况下，独立方案的比较与选择方法主要包括方案组合法、净现值率或内部收益率排序法。

（1）方案组合法。方案组合法的基本思路：把各个独立方案进行组合，列出所有可能的组合方案，各组合方案之间则属于互斥关系。这样，便可以利用互斥方案的比较和选择方法，选择最佳的方案组合。

方案组合法的具体步骤如下：

1）列出独立方案的全部可能组合。排除不投资的情况，若有几个独立方案，则所有可能的组合方案数为 n 个，且这个组合方案之间是互斥的。

2）将所有可能的组合方案按初始投资额从小到大的顺序排列，并排除投资总额超过资金限额的组合方案。

3）对剩下的所有组合方案，利用互斥方案的比较与选择方法来确定最佳的组合方案。

【例 4-2】 有三个相互独立的方案 A、B、C，其寿命期均为 10 年，现金流量见表 4-2。设基准收益率为 15%，求：当资金限额为 18 000 元时，应如何选择？

表 4-2 各方案的净现金流量表 （单位：元）

方案	初始投资	年收入	年支出	年净收入
A	6 000	2 400	1 000	1 400
B	7 000	3 000	1 200	1 800
C	10 000	4 000	1 500	2 500

解：进行方案组合，并剔除资金限额超过 18 000 元的组合方案，见表 4-3。

表 4-3　方案组合表　　　　　　　　　　　　（单位：元）

序号	1	2	3	4	5	6	7
方案组合	0	A	B	C	A+B	A+C	B+C
初始投资	0	6 000	7 000	10 000	13 000	16 000	17 000
年净收益	0	1 400	1 800	2 500	3 200	3 900	4 300

各方案的净现值计算结果如下：

$NPV_1 = 0$；$NPV_2 = 1\,027$；$NPV_3 = 2\,034$；$NPV_4 = 2\,548$；$NPV_5 = 3\,061$；$NPV_6 = 3\,574$；$NPV_7 = 4\,582$。从中可以看出，第 7 个方案的净现值最大，因此选方案 B+C。

（2）净现值率排序法。运用净现值率排序法进行独立方案的比较与选择时的具体步骤如下：

1）计算各个备选独立方案的净现值率，并淘汰净现值率小于 0 的备选方案。

2）将剩下的备选方案按照净现值率从大到小的顺序排列。

3）按照排序选择方案，直到选择的方案组合额总投资达到或接近资金限额为止。

【例 4-3】 现有六个独立型方案，其投资额、NPV、$NPVR$ 的计算结果见表 4-4，试在投资预算限额 12 000 万元内，用净现值率排序法确定其投资方案的最优组合。

表 4-4　某投资的有关数据　　　　　　　　　　（单位：万元）

方案	A	B	C	D	E	F
投资额	3 500	2 500	900	1 900	2 800	5 000
NPV	2 100	1 125	117	475	616	1 900
$NPVR$	0.6	0.45	0.13	0.25	0.22	0.38
$NPVR$ 大小排序	1	2	6	4	5	3

解：最优组合为方案 A+方案 B+方案 F，即投资额 = 3 500+2 500+5 000 = 11 000（万元）。

任务 4.3　互斥方案的经济评价与选择

4.3.1　互斥方案比较和选择的步骤

对互斥方案而言，其评价往往包含两个方面的内容：一是绝对经济效果检验；二是相对经济效果检验。通常，先以绝对经济效果检验方法筛选方案，然后以相对经济效果检验方法优选方案。具体步骤如下：

(1)将备选项目方案按照投资额从小到大的顺序排列；

(2)将投资额最小的方案视为临时最优方案，计算其绝对经济效果指标，并与判别标准相比较，直至找到一个可行方案；

(3)分别计算各方案的相对经济效果指标，并与判别标准相比较，优胜劣汰，最终选出最优方案。

若上述可比性无法得到满足，则不能直接进行备选方案间的比较，而需要借助一定的方法进行转化后方能比较。

4.3.2　互斥方案的评价方法

按照寿命期的不同，可以将互斥方案分为寿命期相同和寿命期不同两类。

(1)寿命期相同的互斥方案的选择。

寿命期相同的互斥方案的选择常用增量分析法(或称差额分析法)。

产生背景：互斥投资方案的实质在于选择最优方案，属于选择决策。多方案比较时，当某一方案的所有评估指标均比另一个项目好时，该方案最优。否则，NPV、$ANCF$、PVI、IRR 会出现矛盾。

【例 4-4】　某投资项目有三个方案 A、B、C 可供选择，是互斥方案，各年的现金流量见表 4-5，(同例 4-1 数据)请对方案进行比较选择($i_c = 12\%$)。

表 4-5　某投资项目各年现金流量见表　　　　　　　　(单位：万元)

方案	初始投资	1~10 年净收益
A	−360	90
B	−600	120
C	−675	150

解：求净现值，由例 4-1 可知：
$$NPV_A = 148.5; \quad NPV_B = 78; \quad NPV_C = 172.5$$

由于 $NPV_A > 0$；$NPV_B > 0$；$NPV_C > 0$，所以方案 A、B、C 均可接受；又因为 $NPV_C > NPV_A > NPV_B$，所以方案 C 优于方案 A 和方案 B。

求内部收益率：由例 4-1 可知，$IRR_A = 21.41\%$；$IRR_B = 15.10\%$；$IRR_C = 17.96\%$，由于 $IRR_A > i_c$；$IRR_B > i_c$；$IRR_C > i_c$；所以，方案 A、B、C 均可接受。又因为：

$IRR_A > IRR_C > IRR_B$，所以方案 A 优于方案 C 和方案 B。

方案 A、B、C 的净现值均大于零，内部收益率均大于基准收益率，所以，方案 A、B、C 都通过了绝对经济效果检验，且使用净现值和内部收益率指标进行绝对经济效果检验的结论是一致的。

按净现值最大原则，方案 C 最优；但从内部收益率来看，方案 A 最优，两者比选的结论不一致。在这种情况下，如何进行互斥方案的比选呢？这就需要引入增量分析法，或称为差额分析法。

当两个互斥方案的投资额不等时，方案比选的实质是判断增量投资的经济合理性，即投资大的方案相对于投资小的方案多投入的资金能否带来增量收益。如果增量投资能带来增量收益，则投资大的方案优于投资小的方案；反之，投资小的方案优于投资大的方案。

这种通过计算增量净现金流相关指标来评价增量投资的经济效果，对投资额不等的互斥方案进行比选的方法称为增量分析法或差额分析法。其是互斥方案比选的基本方法。

可用于增量分析的指标有净现值、内部收益率、净年值、投资回收期。常用的有净现值和内部收益率。

1）差额净现值法。利用两个方案的差额净现金流现值来比选投资额不等的互斥方案，叫作差额净现值法。设方案 A、方案 B 为投资额不等的互斥方案，方案 A 投资额大于方案 B 投资额，两个方案的差额净现值计算公式为：

$$\Delta NPV = \sum_{i=0}^{n} \left[(CI_A - CO_A)_t - (CI_B - CO_B)_t \right] (1 - i_0)^{-t}$$
$$= \sum_{i=0}^{n} (CI_A - CO_A)_t (1 + i_0)^{-t} - \sum_{i=0}^{n} (CI_B - CO_B)_t (1 + i_0)^{-t}$$
$$= NPV_A - NPV_B \tag{4-3}$$

利用差额净现值法进行方案比选步骤归纳如下：

①将项目按投资额依从小到大的顺序排序，即投资额最小的项目排列第一；

②计算排序中最前相邻两项目的差额投资净现值；

③依照评价标准判别两项目孰优孰劣；

④选出的优先项目与下一相邻项目比较，直至排序中的最后一个项目。

采用差额投资净现值法对无资金限制的互斥项目方案进行优选的决策标准是：当差额投资净现值≥0 时，以投资额大的方案为优；而当差额投资净现值<0 时，以投资额小的方案为优。

【例 4-5】 某投资项目有三个方案 A、B、C 可供选择，是互斥方案，各年的现金流量见表 4-6，请对方案进行比较选择（$i_c = 12\%$）。

表 4-6　某投资项目各年现金流量表　　　　　　　（单位：万元）

方案	初始投资	1～10 年净收益
A	−320	80
B	−500	100
C	−540	120

解： 投资方案投资额大小排列顺序是 A、B、C。

方案 B 和方案 A 比较：

$$NPV_{B-A} = -180 + 20(P/A, 12\%, 10) = -180 + 20 \times 5.650 = -67 < 0$$

由于 NPV_{B-A} 小于零，说明方案 A 优于方案 B。

方案 C 和方案 A 比较：

$$NPV_{C-A} = -120 + 40(P/A, 12\%, 10) = -120 + 40 \times 5.650 = 106$$

由于 NPV_{C-A} 大于零，说明方案 C 优于方案 A。

三个方案的优劣顺序为：方案 C 最优，方案 A 次之，方案 B 最差。

2)差额投资内部收益率法。差额投资内部收益率（ΔIRR）是使项目的两个方案计算期内各年净现金流量差额的现值累计数等于零的折现率。其计算公式为：

$$\sum_{i=0}^{n} = (CI_A - CO_A)_t + (1 + \Delta IRR)^{-t} - \sum_{i=0}^{n} (CI_B - CO_B)_t (1 + \Delta IRR)^{-t} = 0 \quad (4\text{-}4)$$

差额投资内部收益率法基本步骤如下：

①将项目按投资额依从小到大的顺序排序，即投资额最小的项目排列第一；

②计算排序中最前相邻两项目的差额投资内部收益率；

③依照评价标准判别两项目孰优孰劣；

④选出的优先项目与下一相邻项目比较，直至排序中的最后一个项目。采用差额投资内部收益率法对无资金限制的互斥项目方案进行优选的决策标准是：当差额投资内部收益大于折现率时，以投资额大的方案为优；而当差额投资内部收益率小于折现率时，以投资额小的方案为优。

差额内含报酬率与内含报酬率的计算过程一样，只是所依据的是差量现金净流量。

该方法适用于原始投资不相同但项目计算期相同的多个互斥方案的比较决策，不能用于项目计算期不同的方案的比较决策。

【例 4-6】 A 项目原始投资的现值为 150 万元，1~10 年的净现金流量为 29.29 万元；B 项目的原始投资额为 100 万元，1~10 年的净现金流量为 20.18 万元。行业基准折现率为 10%。要求：

解：①计算差量净现金流量 ΔNCF；

②计算差额内部收益率 ΔIRR；

③用差额投资内部收益率法决策。

1)计算差量净现金流量 ΔNCF：

$\Delta NCF_0 = -150 - (-100) = -50$（万元）

$\Delta NCF_{1\sim10} = 29.29 - 20.18 = 9.11$（万元）

2)计算差额内部收益率 ΔIRR：

$-50 + 9.11(P/A, \Delta IRR_{A-B}, 10) = 0$

$(P/A, \Delta IRR_{A-B}, 10) = 50/9.11 = 5.4885$

$\because (P/A, 12\%, 10) = 5.6502 > 5.4885$

$(P/A, 14\%, 10) = 5.2161 < 5.4885$

$\therefore 12\% < \Delta IRR_{A-B} < 14\%$，应用内插法：

折现率	年金现值系数
12%	5.650 2
ΔIRR_{A-B}	5.488 5
14%	5.216 1

$\Delta IRR_{A-B} = 12.74\%$

3）用差额投资内部收益率法决策：

$\because \Delta IRR_{A-B} = 12.74\% > i_c = 10\%$

$\therefore$ 应当投资 A 项目。

（2）寿命期不等的互斥方案的选择。若互斥方案的寿命期不同，各备选方案的现金流在各自寿命期内的现值不具有可比性。因此，在运用经济评价指标进行方案的评价与选择时，需要采取一定的手段使各备选方案具有时间方面的可比性。在实践中，确保寿命期不同的互斥方案具有时间方面可比性的方法主要包括以下几项。

1）净年值法。净年值法是指将备选方案在寿命期内的净现金流，按一定的折现率转换为等额年值，据以评价和选择方案的一种方法。

采用净年值法，其本质是利用资金回收系数，把项目的净现值均匀地分摊到寿命期的各年，使其成为年均净效益。比较各备选方案的年均净效益，找出其中的最大者，即可实现对不同寿命期互斥项目的优选。净年值法所依据的仍然是方案重复假设，只是把项目寿命期重复的次数无限延长（方案重复法见后）。

对于寿命期不同的互斥方案的比较与选择，尤其是当备选方案的数目较多时，多采用净年值进行比选。因为此时净现值已经不能作为判断标准了，净年值法是最为有效的方法。具体做法见项目 3。

2）最小费用法。寿命期不同的项目，也会有效益相同或基本相同的情况。此时，对互斥项目方案进行优选，最易采用的方法是最小费用法中的费用年值法（最小费用法包括费用现值法和费用年值法）。

费用现值法的表达式为：

$$PC = \sum_{t=0}^{n} CO_t (1 + i_c)^t = \sum_{t=0}^{n} CO_t (P/F, i_c, t) \tag{4-5}$$

费用年值法的表达式为：

$$AC = PC(A/P, i_c, n) \tag{4-6}$$

即

$$AC = \sum_{i=0}^{n} CO_t (P/F, i_c, t)(A/P, i_c, n) \tag{4-7}$$

式中，PC 表示费用现值；AC 表示费用年值，将费用现值平摊到计算期各年中，计算费用年值。

【例 4-7】 某项目有两种方案均能满足生产技术要求，相关数据见表 4-7，试用费用现值法和费用年值法进行方案选择，已知 $i_c = 10\%$。

表 4-7　某项目各年现金流量表

方案	投资（第一年年末）	年经营成本（2～10 年年末）	寿命期（年）
A	800	300	10
B	1 000	250	10

解：费用现值法：

$$PC_A = 800(P/F，10\%，1)+300(P/A，10\%，9)(P/F，10\%，1)$$
$$= 800 \times 0.909\ 1+300 \times 5.759 \times 0.909\ 1$$
$$= 2\ 297.93$$
$$PC_B = 1\ 000(P/F，10\%，1)+250(P/A，10\%，9)(P/F，10\%，1)$$
$$= 1\ 000 \times 0.909\ 1+250 \times 5.759 \times 0.909\ 1$$
$$= 2\ 217.98$$

费用年值法：

$$AC_A = 2\ 297.93(A/P，10\%，10)=2\ 297.93 \times 0.162\ 75=373.99$$
$$AC_B = 2\ 217.98(A/P，10\%，10)=2\ 217.98 \times 0.162\ 75=360.98$$

3）共同寿命期法（方案重复法）。计算期不同时，找出各个方案计算期的最小公倍数，将每个方案在这个公倍数之内计算净现值，最后比较净现值的大小。基本步骤归纳如下：

①计算每个方案原计算期内的 NPV，去掉不可行方案；

②寻找可行方案计算期的最小公倍数作为统一的计算期，在统一的计算期内调整算出 NPV'；

③NPV' 大的方案优。

【例 4-8】　现有甲、乙两个机床购置方案，所要求的最低投资报酬率为 10%。甲机床投资额为 10 000 元，可用 2 年，无残值，每年产生 8 000 元现金净流量。乙机床投资额为 20 000 元，可用 3 年，无残值，每年产生 10 000 元现金净流量。

要求：判断两种方案何者为优？

解：计算甲乙两种机床的决策指标见表 4-8。

表 4-8　互斥投资方案的选优决策　　　　　　　　　　（单位：元）

项目	甲机床	乙机床
净现值（NPV）	3 888	4 870
年金净流量（$ANCF$）	2 238	1 958
内含报酬率（IRR）	38%	23.39%

将两种方案的期限调整为最小公倍年数 6 年，即甲机床 6 年内周转 3 次（图 4-1），乙机床 6 年内周转 2 次（图 4-2）。

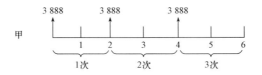

图 4-1 甲机床方案

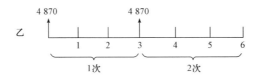

图 4-2 乙机床方案

（3）无限寿命的互斥方案的选择。一般情况下，方案的计算期都是有限的，但有些工程项目服务期较长，如桥梁、铁路、运河、机场等。经济分析对遥远未来的现金流量是不敏感的，对于这样的项目，可以近似地当作无限服务寿命期来处理。

按无限期计算出的现值，一般称为"资金成本或资本化成本"。资本化成本的计算公式为：

$$P = \frac{A}{i} \tag{4-8}$$

对无限期互斥方案进行净现值比较的判别准则为，净现值大于或等于零且净现值最大的方案为最优方案。

对于仅有或仅需计算费用现金流量的互斥方案，可以比照净现值法，用费用现值法进行比选。判别准则为费用现值最小的方案为优。同样，也可用净年值法计算。

【例 4-9】 某河上建大桥，有两个方案 A、B，相关数据见表 4-9，设基准折现率 $i_0 = 10\%$，试用费用现值和费用年值进行方案比选。

表 4-9 大桥项目现金流表量表 （单位：万元）

方案	初始投资	年维护费	再投资
A	3 100	1.5	6（每 10 年一次）
B	2 300	1	5（每 5 年一次）

解： 用费用现值比选：

$PC_A = 3\ 100 + [1.5 + 6(A/F, 10\%, 10)]/10\% = 3\ 100 + (1.5 + 6 \times 0.062\ 75)/10\%$
$= 3\ 118.765$

$PC_B = 2\ 300 + [1 + 5(A/F, 10\%, 10)]/10\% = 2\ 300 + (1 + 5 \times 0.163\ 80)/10\% = 2\ 318.19$

用费用年值法比选：

$AC_A = 3\ 100 \times 10\% + 6(A/F, 10\%, 10) + 1.5 = 3\ 100 \times 10\% + 6 \times 0.062\ 75 + 1.5 = 311.876\ 5$

$AC_B = 23\ 001 \times 0\% + 5(A/F, 10\%, 5) + 1 = 2\ 300 \times 10\% + 5 \times 0.163\ 80 + 1 = 231.819$

可见，费用现值和费用年值评价的结论是一致的。

（4）混合方案的比较与选择。当方案组合中既包含互斥方案，也包含独立方案时，就构成了混合方案。互斥方案和独立方案的比较和选择，均属于单项决策。混合方案则是在分别决策的基础上，研究系统内诸方案之间的相互关系，从中选择最优的方案组合，混合方案可以分为先独立后互斥和先互斥后独立两种类型。

1）先独立后互斥混合方案的比较与选择。对于先独立后互斥的混合方案，可以利用追加投资收益率法进行选择。具体的做法是：对每个独立方案下的互斥方案计算追加投资收益率，将每个追加投资方案看作是独立方案，运用独立方案比较和选择方法，绘制方案选择图，对资金限额进行方案组合，便可以得到最佳投资方案。

2）先互斥后独立混合方案的比较和选择。先互斥后独立混合方案的比较和选择是先在独立层根据独立方案比较和选择原则确定组合方案，然后再根据互斥方案的比较与选择原则对组合方案进行选择。

项目小结

同一目标可以有多个方案去实现，但因其效果不同，进行工程经济分析，就是从中选择最优方案。要正确评价项目方案的经济性，仅仅依靠评价指标的计算及判别是不够的，必须根据方案的类型采用正确的投资决策的方法。

需要强调的是，财务可行性评价指标的计算方法并不等同于投资决策的方法。

项目练习

一、单项选择题

1. 下列三个方案 A、B 和 C 之间的关系为互斥关系（　　　）。

A. 如选方案 C，方案 A 和 B 则需放弃

B. 如选方案 C 和 B，方案 A 则需放弃

C. 因资金受到限制只能选方案 C 时，则方案 A 和 B 需放弃

D. 因资金受到限制只能选方案 C 和 B 时，则方案 A 需放弃

2. 采用内部收益率指标评价两个投资额不等的互斥方案时，应优选（　　　）。

A. 没有正确的方案　　　　　　　　　B. 选择投资较大的方案

C. 选择 IRR 较大的方案　　　　　　　D. 选择 IRR 较小的方案

3. 在项目效益相同或大致相同时，宜采用（　　）或指标进行优选。

A. 年值　　　　　　　　　　　　　　B. 净现值

C. 费用现值　　　　　　　　　　　　D. 内部收益率

4. 当两个寿命期相同的项目方案的净现值相同或基本相同时，宜采用（　　　）或方法对

两者进行优选。

    A. 净年值比较法   B. 净现值比较法

    C. 内部收益率法   D. 投资回收期法

5. 确定基准收益率的基础是(   )。

    A. 资金成本和机会成本   B. 投资风险

    C. 通货膨胀   D. 汇率

6. 价值工程的目标表现为(   )。

    A. 产品价值的提高   B. 产品功能的提高

    C. 产品功能与成本的协调   D. 产品价值与成本的协调

7. 差额投资内部收益率小于基准收益率,则说明(   )。

    A. 少投资的方案不可行   B. 多投资的方案不可行

    C. 少投资的方案较优   D. 多投资的方案较优

8. 当两个方案的收益无法具体核算时,可以用(   )计算,并加以比较。

    A. 净现值率法   B. 年费用比较法

    C. 净现值法   D. 未来值法

9. 差额投资内部收益率小于基准收益率,则说明(   )。

    A. 少投资的方案不可行   B. 多投资的方案不可行

    C. 少投资的方案较优   D. 多投资的方案较优

10. 确定基准收益率的基础是(   )。

    A. 资金成本和机会成本   B. 投资风险

    C. 通货膨胀   D. 汇率

二、计算题

某净现金流见附表,基准折现率为10%,基准回收期为5年,试用静态和动态投资回收期指标判别该方案的可行性。

附表　净现金流 　　　　　　　　　　　　　　　　　　(单位:万元)

年度	0	1	2	3	4	5
年净现金流	−100	20	30	55	55	55

项目 5　工程项目风险与不确定性分析

任务 5.1　工程的风险与不确定性分析概述

工程项目经济评价所采用的大部分基础数据，如技术方案的总投资额、设计产量、产品价格、年销售收入、年经营成本、计算期、年利率、设备残值等指标来自预测和估算，并假定这些参数在计算期内保持不变，在这种条件下对项目做出的决策称为确定性决策。然而，由于人们对未来事物认识的局限性、可获得信息的有限性及未来事物本身的变化，因此，无论用什么方法预测或估计，都会包含有许多不确定性因素，使得这些数据与实际情况可能有很大的出入，这样就产生了不确定性。为了减少不确定性因素给项目带来的风险，就必须分析各种不确定性因素对工程项目经济效果的影响，了解技术方案对各种内外部条件变化的承受能力，并对项目未来面对的风险进行分析，揭示风险的性质、估计风险因素发生的概率分布以及评价风险等级，进而进行风险决策，避免决策失误。

5.1.1　风险与不确定性

（1）风险的概念。风险是指未来发生不利事件的概率或可能性。风险是与出现不利结果的概率相互关联的，其结果可以用概率分布来描述，出现不利结果的概率（可能性）越大，风险也越大。各种不确定因素（随机变量）的出现概率是可以通过历史统计数据估计出来的。建设项目风险是指不确定性的存在导致建设项目实施后偏离预期财务和经济效益目标的可能性。若一项决策会产生多种可能的结果，则认为此决策有风险。

▤ *知识链接*

风险的分类与特性

（1）风险的分类

①按风险后果，可将风险划分为纯粹风险和投机风险。纯粹风险是指不确定性中仅存在损失的可能性，没有任何收益的可能；投机风险是指不确定性中既存在收益的不确定性，也存在损失的不确定性。

②按风险来源，可将风险划分为自然风险和人为风险。人为风险又可分为行为风险、经济风险、技术风险、政治风险和组织风险等。

③按事件主体的承受能力，可将风险划分为可接受风险和不可接受风险。可接受风险

一般是指法人或自然人在分析自身承受能力、财产状况的基础上，确认能够接受的最大损失的限度。

④按风险的对象，可将风险划分为财产风险、人身风险和责任风险。财产风险是指财产遭受损害、破坏或贬值的风险；人身风险是指疾病、伤残、死亡所引起的风险；责任风险是法人或自然人的行为违背了法律、合同或道义上的规定，给他人造成财产损失或人身伤害的风险。

⑤按风险对工程项目的影响，可将风险划分为工期风险、费用风险和质量风险。

⑥按工程项目风险的主要来源，可将风险划分为组织风险、经济和管理风险、环境风险和技术风险。

（2）风险的特性

①不确定性。风险事件的发生及其后果都具有不确定性。其表现在：风险事件是否发生、何时发生、发生以后会造成什么样的后果等，均是不确定的。

黑天鹅事件与
黑犀牛事件

②相对性。风险总是相对于事件的主体而言的。同样的不确定性事件对不同的主体有不同的影响。人们对于风险事件都有一定的承受能力，但是这种能力因活动、人、时间而异。例如，汇率风险对于国际投资者来说可能是比较大的风险，而对于国内投资者来说则不是风险。

③可测性和可控性。根据过去的统计资料可以判断某种风险发生的频率及风险造成经济损失的程度。风险的可测性为风险的控制提供了依据，人们可以根据对风险的认识和估计，采取不同的手段对风险进行控制。

④可变性。在一定条件下任何事物总是会发展变化的，风险事件也是如此。当引起风险的因素发生变化时，必然会导致风险的变化。风险的可变性表现在风险性质的变化、风险后果的变化、出现了新的风险或风险因素已被消除。

⑤风险与效益共存。根据对风险的认识和把握，选择适当手段规避风险，实现效益。一般来说，风险越大，效益越高，对效益的追求导致风险投资发展迅速。

（2）不确定性的概念。投资项目在实际执行过程中，某些因素的变动可能导致项目经济效益指标偏离原来的预测值，甚至可能发生较大的变化。这些因素是否会出现，出现的可能性有多大等都是不确定的，这就是项目的不确定性。这里所讲的不确定性，一是指影响经济效果的各种经济要素（如市场需求和各种价格）的未来变化带有不确定性（科技进步和经济、政治形势的变化都会使生产成本、销售量、销售价格等发生变化）；二是指方案各种经济要素的取值（如投资、产量），由于缺乏足够的信息或测算方法上的误差，使得方案经济效果评价值带有不确定性，从而使评价结论不可避免地带有风险性。

（3）产生风险及不确定性的原因。

1）风险及不确定性产生的主观原因。

①信息的不完全性与不充分性。信息在质与量两个方面不能完全或充分地满足预测未来的需要，所依据的基本数据不足或者统计偏差，而获取足够完全或充分的信息要耗费大量的金钱与时间，不利于经济、及时地做出决策。

②人的有限理性。人的有限理性决定了人不可能准确无误地预测未来的一切。人的能力等主观因素的限制(预测方法的局限,预测假设的不准确等)加上预测工具及工作条件的限制,决定了预测结果与实际情况会有大或小的偏差。

2)风险与不确定性产生的客观原因。

①市场供求变化的影响。项目的建设期比较长,投产后的经济寿命较长。在市场经济的条件下,商品供求关系主要靠价值规律调节,人们的需求结构、需求数量变化,产品供求结构、供给数量变化频繁且难以预测,尽管可以通过分析目前的投入及投入结构来预测未来的供给,但需要做到这点是非常困难的。因此,由市场供求关系引起的项目投入与产出价格的变化,将成为影响项目经济分析的最重要的变化。

②技术变化的影响。现代科学技术飞速发展,新材料、新技术、新工艺的发展日新月异,尽管投资者在投资时所采用的技术工艺是最先进的,但可能很快就有新的技术、工艺将之代替。每一种新技术都会给某行业带来新的市场机会,同时也会给某行业的企业造成环境威胁。在项目可行性研究和项目评估时,不可能对新技术的出现及其影响有准确的预测,这就造成了项目的不确定性。因此,对技术发展的预测,是一种降低投资风险的手段,在投资决策时应该力求做好。

③经济环境变化的影响。在市场经济条件下,国家的宏观经济调控政策、各种改革措施,以及经济发展本身对投资项目有着重要的影响,都会影响投资项目的效益,使投资具有不确定性。

④无法以定量来表示定性因素的影响。

⑤其他外部因素的影响。如项目的生产能力、建设期、投产期、投资费用、经济寿命的变化、汇率的变更、社会、政策、法律、文化、自然条件和资源方面的影响,也会增加投资项目的不确定性。

(4)风险与不确定性的区别与联系。风险和不确定性,是所有项目固有的内在特性,只是对于不同的项目,其程度有所不同。1921年,美国经济学家芝加哥学派创始人弗兰克·H·奈特教授在其著作《风险、不确定性和利润》中区分了风险和不确定性,认为风险是"可测定的不确定性",而"不可测定的不确定性"才是真正意义上的不确定性。

1)风险与不确定性的区别。

①可否量化。风险是可以量化的,即其发生的概率是已知的或通过努力可以知道或测定的;而不确定性则是不可以量化的。

②可否保险。风险是可以保险的,而不确定性则是不可以保险的。由于风险概率是可以知道的,理论上保险公司就可以计算确定保险收益,从而提供有关保险产品。

③影响大小。不确定性代表不可知事件,因而有更大的影响。而如果同样事件可以量化风险,则其影响是可以防范并得到有效降低的。

2)风险与不确定性的联系。

①不确定性是风险的起因。不确定性使得投资活动的实际结果具有不确定性,可能高于或低于预期的收益;而由于不确定性可能使经济效果得到低于预期的收益,甚至遭受一

定的损失，这就是风险。不确定性是风险的起因。

②不确定性与风险相伴而生。由于不确定性是风险的起因，因此不确定性与风险是相伴而生的。如果不是从理论上刻意去划分，它们往往被人们混为一谈，在实践中也往往被混合使用。

③不确定性与风险的程度。不确定性和风险的"未知"程度不同，虽然不知道确切的实际结果，但知道各种结果发生的可能性，称之为风险；连实际结果发生的可能性都不知道的，称为不确定性。

总体来说，确定性是指在决策涉及的未来期间内一定要发生的或者不一定发生，其关键特征只有一种结果。不确定性则指不可能预测未来将要发生的事件。因为存在多种可能性，其特征时刻能有多种结果。由于缺乏历史数据或类似事件的信息，不能预测某一事件发生的概率，因而该事件发生的概率是未知的。风险则是介于不确定性与确定性之间的一种状态，其概率是可知的或已知的。

5.1.2 风险与不确定性分析

(1)风险分析。风险分析也称概率分析，是通过对风险因素的识别，采用定性或定量分析的方法估计各风险因素发生的可能性及对项目的影响程度，揭示影响项目成败的关键风险因素，提出项目风险的预警、预报和相应的对策，为投资决策服务。它还有助于在可行性研究的过程中，通过信息反馈，改进或优化项目设计方案，直接起到降低项目风险的作用。

(2)不确定性分析。所谓不确定性分析，就是针对项目技术经济分析中存在的不确定性因素，分析其对项目经济效果评价的影响，预测项目承担风险的能力，确定项目在技术上、经济上的可靠性，避免项目投产造成不必要的损失。

(3)不确定性分析与风险分析的关系。不确定性分析与风险分析的目的相同，都是识别、分析、评价影响项目的主要因素，防范不利影响，以提高项目的成功率。两者的区别在于分析内容、方法和作用的不同。不确定性分析只研究各种不确定因素对方案结果的影响，可以找出影响项目效益的敏感因素，确定敏感程度，但不知道这种不确定因素发生的可能性，因而也就不知道方案出现各种结果的可能性。但借助于风险分析，可以得知不确定性因素发生的可能性以及给项目带来经济损失的程度。不确定性分析找出的敏感因素又可以作为风险因素识别和风险估计的依据。风险与不确定性分析成为工程项目管理的一个重要内容，也是项目风险管理的前提与基础。

严格来说，风险与不确定性是存在差异的，从理论上可以区分风险分析与不确定性分析。但从项目经济评价角度来看，试图将其绝对分开没有意义，所以一般习惯上将这两种分析方法统称为不确定性分析。

(4)不确定性分析与风险分析的方法。

1)不确定性分析的方法。常用的不确定性分析方法有盈亏平衡分析和敏感性分析。盈亏平衡分析用于确定盈利与亏损的临界。盈亏平衡分析又可进一步分为单一方案(独立方案)的盈亏平衡分析和多方案(互斥型方案)的盈亏平衡分析。其中，单一方案(独立方案)的盈亏平衡分析根据生产成本及销售收入与产销量之间是否呈线性关系，还分为线性盈亏平衡分析和非线性盈亏平衡分析，通常只要求掌握线性盈亏平衡分析；多方案（互斥型方案）的盈亏平衡分析通常做的是优劣分析。敏感性分析用于找出敏感因素，分析其影响程度。敏感性分析有单因素敏感性分析和多因素敏感性分析两种，我们只要求掌握单因素敏感性分析。

2）风险分析的方法。风险分析的方法是借助概率来研究预测不确定因素和风险因素对项目经济评价指标影响的一种概率分析，主要涉及风险识别、风险评估、风险决策、风险应对。

任务 5.2　不确定性分析

建设项目的不确定性分析是项目经济评价的一个重要内容。在项目实施的整个过程中，所有将产生的结果都是未知的，同时用于计算和评价的参数，如价格、产量、成本、利润、折现率、投资、经济寿命等，不可避免地带有一定程度的不确定性，从而对评价指标的计算产生影响。因此，为了有效地减少不确定性因素对项目经济效果的影响，需要对建设项目进行不确定性分析。

常用的不确定性分析的方法有盈亏平衡分析、敏感性分析。

5.2.1　盈亏平衡分析

（1）盈亏平衡分析的概念。盈亏平衡分析是研究建设项目投产后正常年份的产量、成本和利润三者之间的平衡关系，以利润为零时的收益与成本的平衡为基础，测算项目的生产负荷状况，度量项目承受风险的能力。具体地说，就是通过对项目正常生产年份的生产量、销售量、销售价格、税金、可变成本、固定成本等数据进行计算，以求得盈亏平衡点及其对应的自变量，分析自变量的盈亏区间，分析项目承担风险的能力。

各种不确定性因素（如投资、成本、销售量、产品价格、项目寿命期等）的变化都会影响投资方案的经济效果。当这些因素的变化达到某一临界值时，就会影响方案的取舍。盈亏平衡分析的目的就是找出这种临界值，即盈亏平衡点（Break-even Point，BEP）。在这个点上，营业收入与成本费用相等，既不亏损也不盈利，借此判断投资方案对不确定性因素变化的承受能力，为决策提供依据。

（2）盈亏平衡分析的分类。盈亏平衡分析可以分为单一方案（独立方案）的盈亏平衡分析，即量本利分析和多方案（互斥型方案）的盈亏平衡分析，即方案的优劣分析。

提 示

盈亏平衡分析关键就是要找出项目方案的盈亏平衡点。一般来说，对工程项目的生产能力而言，盈亏平衡点越低，项目盈利的可能性就越大，对不确定性因素变化所带来的风险承受能力就越强。

1)单一方案(独立方案)的盈亏平衡分析。单一方案(独立方案)的盈亏平衡分析,也叫作量本利分析或收支平衡分析或损益平衡分析。

①线性盈亏平衡分析。

a. 进行线性盈亏平衡分析的前提条件。

a)产量等于销售量,即当年的产品当年销售出去。

b)产量变化,单位可变成本不变,从而总成本费用是产量的线性函数。

c)产量变化,产品售价不变,从而销售收入是销售量的线性函数。

d)只生产单一产品,或者生产多种产品,但可以换算为单一产品计算。

b. 固定成本与可变成本。盈亏平衡分析可将成本分为固定成本和可变成本两种。

a)固定成本是指在一定的产量范围内不随产量的增减变动而变化的成本,如辅助人员的工资、职工福利费、折旧及摊销费等。

b)可变成本是指随产量的增减变动而成正比例变化的成本,如原材料的消耗、辅助材料、燃料、动力等。

c. 销售收入函数、成本函数和利润函数。假设 Q 表示年产销量,S 表示年总销售收入,C 表示年总成本,C_F 表示固定成本,C_V 表示产品年总可变成本,C_U 表示单位产品可变成本,P 表示单位产品价格,B 表示年利润,T 表示产品年税金及附加,T_U 表示单位产品税金及附加。则有下列函数关系。

销售收入函数:$S = P \times Q$

成本函数:$C = C_F + C_V = C_F + C_U \times Q + T_U \times Q$

利润函数:$B = S - C = (P - C_U - T_U) \times Q - C_F$

②盈亏平衡点的计算。盈亏平衡点是盈利与亏损的分界点,在这一点上,收入等于成本。收入再低或成本再高,就要亏损了。因此,盈亏平衡点是收入的下限和成本的上限。盈亏平衡点越低,表明项目适应市场变化的能力越强,抗风险能力越大;反之,项目适应市场变化的能力越小,抗风险能力越弱。

在盈亏平衡点处:$B = 0$,即 $S = C$,也即 $P \times Q = C_F + C_U \times Q + T_U \times Q$。

盈亏平衡点可以表示为不同的方式。

a. 年产量的盈亏平衡点(盈亏平衡年产量)$BEP(Q)$ $P \times Q = C_F + C_U \times Q + T_U \times Q$ 中,Q 为未知数,其余参数为已知数,则可整理得:

$$BEP(Q) = \frac{C_F}{P - C_U - T_U} \qquad (5-1)$$

当 $Q = BEP(Q)$ 时,项目既不盈利也不亏损;当 $Q > BEP(Q)$ 时,项目是盈利的;反之,则亏损。公式符号含义同前,原理如图 5-1 所示。

由于单位产品税金及附加=单位产品销售价格×税金及附加税税率,如果用 r 表示税金及附加税税率,则年产量盈亏平衡点的计算公式又可以表示为:

$$BEP(Q) = \frac{C_F}{P(1-r) - C_U} \qquad (5-2)$$

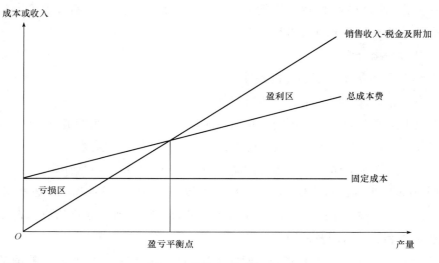

成本或收入

销售收入-税金及附加

盈利区

总成本费

亏损区

固定成本

O   盈亏平衡点   产量

图 5-1　线性盈亏平衡分析

对技术方案运用盈亏平衡点分析时应注意的是，盈亏平衡点要按照技术方案投产达到设计生产能力后正常年份的产销量、可变成本、固定成本、产品价格、税金及附加等数据来计算，而不能按计算期内的平均值来计算。正常年份一般选择还款期间的第一个达产年和还款后的年份分别计算，以便分别给出最高和最低的盈亏平衡点区间范围。

【例 5-1】　某技术方案年设计生产能力为 10 万台，年固定成本为 1 200 万元，产品单台销售价格为 900 元，单台产品的可变成本为 560 元，单台产品的税金及附加为 120 元。试求盈亏平衡点的产量。

解： 根据式(5-1)可得：

$$BEP(Q)=\frac{12\ 000\ 000}{900-560-120}=54\ 545(台)$$

计算结果表明，当技术方案产销量低于 54 545 台时，技术方案亏损；当技术方案产销量高于 54 545 台时，技术方案盈利。

b. 销售价格的盈亏平衡点(盈亏平衡销售价格)$BEP(P)$。此时，方程中 P 为未知数，其余参数为已知数，则可整理得：

$$BEP(P)=\frac{C_F}{Q}+C_U+T_U \tag{5-3}$$

则例 5-1 中的销售价格盈亏平衡点为：

$$BEP(P)=\frac{12\ 000\ 000}{100\ 000}+560+120=800(元/台)$$

此计算结果表明，当技术方案的销售价格低于 800 元/台时，技术方案亏损；当技术方案的销售价格高于 800 元/台时，技术方案盈利。

c. 生产能力利用率的盈亏平衡点(盈亏平衡生产能力利用率)$BEP(\%)$。生产能力利用率的盈亏平衡点是指盈亏平衡年产销量占技术方案正常产销量的比重。所谓的正常产销量，是指正常市场和正常开工的情况下，技术方案的产销数量。在技术方案评价中，一般用设计生产能力表示正常产销量：

$$BEP(\%)=\frac{BEP(Q)}{Q_d}\times100\%\tag{5-4}$$

式中　Q_d——正常产销量或技术方案设计生产能力。

结合式(5-1)、式(5-4)可以表示为：

$$BEP(\%)=\frac{C_F}{P\times Q_d-C_U\times Q_d-T_U\times Q_d}\times100\%=\frac{C_F}{S-C_V-T}\times100\%\tag{5-5}$$

则例5-1中的生产能力利用率盈亏平衡点为：

$$BEP(\%)=\frac{1\,200}{(900-560-120)\times10}\times100\%=54.55\%$$

此计算结果表明，当技术方案生产能力利用率低于54.55%时，技术方案亏损；当技术方案生产能力利用率高于54.55%时，技术方案盈利。

d. 经营安全率 $BEP(s)$。

$$BEP(s)=1-BEP(\%)\tag{5-6}$$

提示

盈亏平衡点的生产能力利用率一般不应大于70%，经营安全率一般不应小于30%。

e. 产品年销售收入的盈亏平衡点(盈亏平衡年销售收入)$BEP(s)$。

$$BEP(s)=P\times BEP(Q)=P\times\frac{C_F}{P-C_U-T_U}\tag{5-7}$$

f. 单位产品可变成本的盈亏平衡点(盈亏平衡单位产品可变成本)$BEP(C_U)$。

$$BEP(C_U)=P-T_U-\frac{C_F}{Q}\tag{5-8}$$

②非线性盈亏平衡分析。线性盈亏平衡分析的基本假设具有一定的合理性，但在实际的生产中随着项目产销量的增加，市场上产品的单位价格将下降，同时原材料价格可能上涨，也可能导致人工费用增加等，这些因素使企业的总成本、销售收入与产量之间并非单一的线性关系，即非线性的盈亏平衡。这种情况下，盈亏平衡点可能会出现多个。

2)多方案(互斥方案)的盈亏平衡分析。在需要对若干个互斥方案进行比选的情况下，如果有一个共有的不确定性因素影响这些方案的取舍，可以先求出令两个方案某个评价值相等的盈亏平衡点，再根据盈亏平衡点进行方案的取舍。例如，如果两个或两个以上的方案其成本都是同一个变量的函数时，便可以找到该变量的某一个数值，恰能使两个对比方案的成本相等，该变量的这一特定值即方案的优劣平衡点，这种方案的评价方法又称方案的优劣分析法。

若两个方案的成本分别为 C_1 和 C_2，且受到同一变量(公共变量)X 的影响，且每一方案都可以表示为该公共变量的函数时，则有：$C_1=f_1(X)$ 和 $C_2=f_2(X)$，当 $C_1=C_2$ 时，就有：

$$f_1(X)=f_2(X)\tag{5-9}$$

由式(5-9)所列的方程解出 X 值，即两对比方案的等成本平衡点。

【例 5-2】 现有一个挖土工程，其有两个挖土方案：一是人力挖土，单价为 3.5 元/m³；另一个是机械挖土，单价为 1.5 元/m³，但需要机械购置费 10 万元，问在什么情况下（土方量为多少时）应采用人力挖土？

解：设土方量为 Qm³，则

人力挖土费用 $\qquad\qquad\qquad C_1 = 3.5Q$

机械挖土费用 $\qquad\qquad\qquad C_2 = 1.5Q + 100\ 000$

令 $C_1 < C_2$，可以解得 $Q_0 < \dfrac{100\ 000}{3.5 - 1.5} < 50\ 000 (\text{m}^3)$

可见，当土方量少于 50 000 m³ 时，应采用人工挖土。

提示：对于两个以上互斥方案的优劣分析，其原理与两个方案的分析是相同的，不同之处在于求优劣平衡点时要每两个方案进行求解，分别求出两个方案的优劣平衡点，然后再两两比较，选择其中最经济的方案。

【例 5-3】 生产某种产品有 3 种工艺，采用方案 1，年固定成本为 800 万元，单位变动成本为 10 元；采用方案 2，年固定成本为 500 万元，单位可变成本为 20 元；采用方案 3，年固定成本为 300 万元，单位可变成本为 30 元。分析各种方案适用的生产规模。

解：各方案总成本均可以表示为产量 Q 的函数

$$C_1 = 8\ 000\ 000 + 10Q$$
$$C_2 = 5\ 000\ 000 + 20Q$$
$$C_3 = 3\ 000\ 000 + 30Q$$

各方案的年总成本曲线如图 5-2 所示。

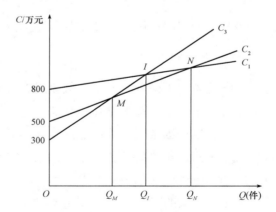

图 5-2　各方案的年总成本曲线

图中，M 是 C_2、C_3 的交点，N 是 C_1、C_2 的交点，I 是 C_1、C_3 的交点。

解得：$Q_M = 20$（万件）；$Q_I = 25$（万件）；$Q_N = 30$（万件）

结论：当 $Q < 20$ 万件时，应采用方案 3；

$\qquad\qquad$当 $20 < Q < 30$ 万件时，应采用方案 2；

$\qquad\qquad$当 $Q > 30$ 万件时，应采用方案 1。

（3）盈亏平衡分析的优点和缺点。

1）优点。在项目的一些主要参数，如产销量、产品售价、固定成本、单位可变成本已经初步确定的情况下，通过盈亏平衡点的计算可以确定项目的合理生产规模，初步了解项目抗风险能力的强弱。除此之外，盈亏平衡分析还可以用于生产能力不同、工艺流程不同的互斥方案的优选等。其确实是一种简单、实用的不确定性分析方法。

2）缺点。盈亏平衡分析是建立在产量等于销售量的基础之上的，这是近于理想化的假设；它所使用的数据是正常生产年份的历史数据修正后得出的，精度不高，因此，盈亏平衡分析适用于现有项目的短期分析，不能对项目整个寿命期内现金流量做出全面评价，其结果是粗略的；盈亏平衡分析虽然能够度量项目风险的大小，但不能揭示产生项目风险的根源。虽然通过降低盈亏平衡点可以达到降低风险的目的，也可以拟定降低盈亏平衡点的措施或建议，提供方向和线索，如降低固定成本、单位产品可变成本等，但没有给出具体可行的方法或途径。

所以，盈亏平衡分析法最适合用于现有项目的短期分析，而一般拟建项目考虑的是一个长期的过程，因此，盈亏平衡分析无法得到一个全面的结论。

你知道吗

盈亏平衡点反映了项目对市场变化的适应能力和抗风险能力。盈亏平衡点越低，项目投产后盈利的可能性就越大，适应市场变化的能力就越强，抗风险能力也越强。

盈亏平衡分析虽然能够从市场适应性方面说明技术方案风险的大小，但并不能揭示产生技术方案风险的根源，因此，还需采用其他方法来帮助达到这个目标。

5.2.2　敏感性分析

在技术方案经济效果评价中，各类因素的变化对经济指标的影响程度是不同的。有些因素可能仅发生较小幅度的变化，就能引起经济效果评价指标发生很大的变动；而另一些因素即使发生了较大幅度的变化，对经济效果评价指标的影响也不太大。将前一类因素称为敏感因素，后一类因素称为非敏感因素。决策者有必要把握敏感因素，分析方案的风险大小。

（1）敏感性分析的概念。对于盈亏平衡分析不能揭示的内容，还需要采用其他一些方法来帮助达到这个目标。项目评价中的敏感性分析，就是在项目确定性分析的基础上，通过进一步分析、预测项目主要不确定性因素（投资、成本、价格等）的变化对项目评价指标（如内部收益率、净现值等）的影响，从中找出敏感因素，确定评价指标对该因素的敏感程度和项目对其变化的承受能力。

（2）敏感性分析的主要目的。

1）确定影响建设项目经济效益的敏感因素。进一步分析与敏感因素有关的预测或估算数据可能产生的不确定性的根源，采取有效措施，防患于未然。

2）对各变量因素的敏感度排序。对敏感度大的因素重点监督、防范，即找出防范风险的重点。

3)对各种方案的灵敏度分析比较，选择灵敏度最小，即风险最小的方案投资。

4)对变量因素可能出现的最有利与最不利的变动，分析项目经济效益变动范围，使投资决策者了解项目的风险程度，采取某些控制措施和寻找替代方案，为最后确定有效、可行的投资方案提供可靠的依据。

（3）敏感性分析的方法。敏感性分析的方法有单因素敏感性分析和多因素敏感性分析。

1)单因素敏感性分析是对单一不确定因素变化对技术方案经济效果的影响进行分析，即假设各个不确定因素之间相互独立，每次只考察一个因素变动，其他因素保持不变，以分析这个可变因素对经济效果评价指标的影响程度和敏感程度。为了找出关键的敏感性因素，通常只进行单因素敏感性分析。

2)多因素敏感性分析是假设两个或两个以上相互独立的不确定因素同时变化时，分析这些变化的因素对经济效果评价指标的影响程度和敏感程度。

（4）单因素敏感性分析的步骤。

1)确定分析指标。衡量项目经济效果的指标较多，而且敏感性分析的工作量较大，不可能对每种指标都进行分析，一般只能针对一个或几个重要的经济效果指标，如净现值、内部收益率、静态投资回收期等进行单因素敏感性分析。指标的确定应根据项目的不同特点和要求，选择最能反映项目的经济效益综合性评价指标。

如果主要分析技术方案状态和参数变化对技术方案投资回收快慢有影响，则可选用静态投资回收期作为分析指标；如果主要分析产品价格波动对技术方案超额净收益有影响，则可选用净现值作为分析指标；如果主要分析投资大小对技术方案资金回收能力有影响，则可选用内部收益率指标等。

由于敏感性分析是在确定性分析的基础上进行的，一般来说，敏感性分析的指标应与确定性经济效果评价指标一致，不应超出确定性经济效果评价指标范围而另立新的分析指标。当确定性经济效果评价指标比较多时，敏感性分析可以围绕其中一个或若干个最重要的指标进行。

2)选择需要分析的不确定性因素。影响技术方案经济效果评价指标的不确定因素有很多，敏感性分析一般只选取对技术方案经济效果有重大影响，并可能在建设期和生产期内发生变动的因素。在选择需要分析的不确定性因素时，主要应考虑以下两个原则：

①预计这些因素在其可能变动的范围内对经济效果评价指标的影响较大；

②对在确定性经济效果分析中采用该因素的数据的准确性把握不大。

选定不确定性因素时，应当将这两个原则结合起来进行。对于一般技术方案来说，通常从以下几个方面选择敏感性分析中的影响因素。

①从收益方面看，主要包括产销量与销售价格、汇率。许多产品，其生产和销售受国内外市场供求关系变化的影响很大，市场供求难以预测，价格波动也较大，而这种变化不是技术方案本身能够控制的，因此产销量与销售价格、汇率是主要的不确定性因素。

②从费用方面看，包括成本（特别是与人工费、原材料、燃料、动力费及技术水平有关的变动成本）、建设投资、流动资金占用、折现率、汇率等。

③从时间方面看，包括技术方案建设期、生产期。生产期又可考虑投产期和正常生产期。

另外，选择的因素要与选定的分析指标相联系。否则，当不确定性因素变化一定幅度时，并不能反映指标的相应变化，达不到敏感性分析的目的。例如，折现率因素对静态评价指标不起作用。

3)分析每个不确定性因素的波动程度及其对分析指标可能带来的增减变化情况。

①对所选定的不确定性因素，应根据实际情况设定这些因素的变动幅度，其他因素固定不变。因素的变动可以按照一定的变化幅度(如±5%、±10%、±15%、±20%等；对于建设工期，可采用延长或压缩一段时间表示)改变它的数值。

②计算不确定性因素每次变动对技术方案经济效果评价指标的影响。

③对每一因素的变动，均重复以上计算；然后，把因素变动及相应指标变动结果用敏感性分析表和敏感性分析图的形式表示出来，以便于测定敏感性因素。

4)确定敏感性因素。敏感性分析的目的是寻求敏感因素，可以通过相对测定法计算敏感度系数和绝对测定法计算临界点来判断。

①相对测定法计算敏感度系数。相对测定法，即设定要分析的因素均从基准值开始变动，且各因素每次变动幅度相同，比较在同一变动幅度下各因素的变动对经济效果指标的影响，即根据不同因素相对变化对技术方案经济效果评价指标影响的大小对各个因素的敏感性程度排序，就可以判别出各因素的敏感程度。敏感度系数表示技术方案经济效果评价指标对不确定因素的敏感程度。其计算公式为：

$$S_{AF} = \frac{\Delta A/A}{\Delta F/F} \tag{5-10}$$

式中 S_{AF}——敏感度系数；

$\Delta F/F$——不确定因素 F 的变化率(%)；

$\Delta A/A$——不确定因素 F 发生 ΔF 变化时，评价指标 A 的相应变化率(%)。

$S_{AF} > 0$，表示评价指标与不确定因素同向变化；$S_{AF} < 0$，表示评价指标与不确定因素反向变化。

$|S_{AF}|$ 越大，表明评价指标 A 对于不确定因素 F 越敏感；反之，则不敏感。据此可以找出哪些因素是最关键的因素。

敏感度系数提供了各不确定因素变动率与评价指标变动率之间的比例，但不能直接显示变化后评价指标的值。为了弥补这种不足，有时需要编制敏感性分析表来列示各因素变动率及相应的评价指标值和绘制敏感性分析图来反映技术方案各经济效果评价指标对该不确定因素的敏感程度(直线的斜率越大敏感度越高)。

②绝对测定法计算临界点。临界点是指技术方案允许不确定因素向不利方向变化的极限值。超过极限，技术方案经济效果评价指标将不可行。临界点可以用专用软件的财务函数计算，也可以由敏感性分析图直接求得近似值。

绝对测定法，即设各因素均向降低投资效果的方向变动，并设该因素达到可能的"最坏"值，然后计算在此条件下的经济效果指标，观察其是否已达到使项目在经济上不可行的程度。如果项目已不能接受，则该因素就是敏感因素。绝对测定法的一个变通方式是先设定有关经济效果指标为其临界值，如令净现值等于零，令内部收益率为基准折现率，然后求待分析因素的最大允许变动幅度，并与其可能出现的最大变动幅度相比较。如果某因素可能出现的变动幅度超过最大允许变动幅度，则表明该因素是方案的敏感因素。

在实践中，常常将敏感度系数和临界点两种方法结合起来确定敏感因素。

5）综合分析或选择方案。找出最敏感的因素，分析敏感因素可能造成的风险，并提出应对措施。当不确定因素敏感度较高时，应进一步通过风险分析，判断其发生的可能性及对项目的影响程度。

如果进行敏感性分析的目的是对不同技术方案进行比较选择，一般应选敏感度小、承受风险能力强、可靠性大的技术方案。

【例 5-4】 设某项目的方案的基本数据估算值见表 5-1，试对该项目进行单因素敏感性分析（基准收益率 $i_c = 10\%$）。

表 5-1　方案的基本数据估算表　　　　　　　　（单位：万元）

因素	初始投资	年营业收入	年经营成本	使用寿命（年）
估算值	2 000	600	350	20

已知 $(P/A, 10\%, 20) = 8.513\ 6$。

解：①以期初投资、年营业收入、年经营成本，为分析的不确定性因素；

②选择项目的净现值为经济效果评价指标；

③计算各因素变动时对项目净现值的影响。

首先，计算初始条件下的净现值：
$$NPV_0 = -2\ 000 + (600 - 350)(P/A, 10\%, 20) = 128.4（万元）$$

再分别计算初始投资、年营业收入、年经营成本，在初始值的基础上按照 $\pm 10\%$、$\pm 20\%$ 的幅度变动，逐一计算相应的净现值。

a. 初始投资在 $\pm 10\%$、$\pm 20\%$ 范围内变动：

$NPV_{10\%} = -2\ 000(1 + 10\%) + (600 - 350)(P/A, 10\%, 20) = -71.6（万元）$

$NPV_{-10\%} = -2\ 000(1 - 10\%) + (600 - 350)(P/A, 10\%, 20) = 328.4（万元）$

$NPV_{20\%} = -2\ 000(1 + 20\%) + (600 - 350)(P/A, 10\%, 20) = -271.6（万元）$

$NPV_{-20\%} = -2\ 000(1 + 20\%) + (600 - 350)(P/A, 10\%, 20) = 528.4（万元）$

b. 年营业收入在 $\pm 10\%$、$\pm 20\%$ 范围内变动：

$NPV_{10\%} = -2\ 000 + [600(1 + 10\%) - 350](P/A, 10\%, 20) = 639.22（万元）$

$NPV_{-10\%} = -2\ 000 + [600(1 - 10\%) - 350](P/A, 10\%, 20) = -382.42（万元）$

$NPV_{20\%} = -2\ 000 + [600(1 + 20\%) - 350](P/A, 10\%, 20) = 1\ 150.03（万元）$

$NPV_{-20\%} = -2\ 000 + [600(1 - 20\%) - 350](P/A, 10\%, 20) = -893.23（万元）$

c. 年经营成本在±10%、±20%范围内变动：

$$NPV_{10\%}=-2\,000+[600-350(1+10\%)](P/A,10\%,20)=-169.58(万元)$$
$$NPV_{-10\%}=-2\,000+[600-350(1-10\%)](P/A,10\%,20)=426.38(万元)$$
$$NPV_{20\%}=-2\,000+[600-350(1+20\%)](P/A,10\%,20)=-467.55(万元)$$
$$NPV_{-20\%}=-2\,000+[600-350(1-20\%)](P/A,10\%,20)=724.35(万元)$$

将计算结果填入表5-2中。

表5-2　单因素敏感性分析表　　　　　　　　（单位：万元）

净现值 因素 ＼ 变化率	−20%	−10%	0	10%	20%
初始投资	528.4	328.4	128.4	−71.6	−217.6
年营业收入	−893.23	−382.42	128.4	639.22	1 150.03
年经营成本	724.35	426.38	128.4	−169.58	−467.55

绘制净现值单因素敏感性分析图，如图5-3所示。

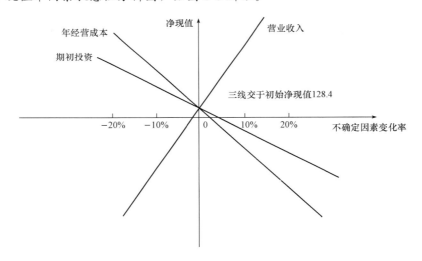

图5-3　单因素敏感性分析图

④计算敏感度系数并进行排序：

$$初始投资平均敏感度系数=\frac{[528.4-(-271.6)]/128.4}{40\%}=15.58$$

$$年营业收入平均敏感度系数=\frac{[1\,150.03-(-873.23)]/128.4}{40\%}=39.39$$

$$年经营成本平均敏感度系数=\frac{[724.35-(-467.55)]/128.4}{40\%}=23.21$$

对敏感性因素按敏感性由高到低的排列顺序为：年营业收入→年经营成本→初始投资。

⑤计算变动因素的临界点。设初始投资、年营业收入、年经营成本的临界值分别为 X、Y、Z，则：

$$-X+(600-350)(P/A, 10\%, 20)=0,\ 解得\ X=2\,128.4\ 万元$$

$$-2\,000+(Y-350)(P/A, 10\%, 20)=0,\ 解得\ Y=584.92\ 万元$$

$$-2\,000+(600-Z)(P/A, 10\%, 20)=0,\ 解得\ Z=365.08\ 万元$$

所以，初始投资的上限是 2 128.4 万元，年营业收入的下限是 584.92 万元，年经营成本的上限是 365.08 万元，超过这些限值，项目的效益指标将不可行。

提示：单因素敏感性分析虽然对于技术方案分析中不确定因素的处理是一种简便易行、具有实用价值的方法，但它以假定其他因素不变为前提。这种假设条件，在实际经济活动中是很难实现的，因为各种因素的变动都存在着相关性，一个因素的变动往往会引起其他因素的变动。如产品价格的变化可能引起需求量的变化，从而引起市场销售量的变化。所以，在分析技术方案经济效果受多种因素同时变化的影响时，要用多因素敏感性分析，使之更接近于实际过程。多因素敏感性分析计算起来要比单因素敏感性分析复杂得多，所以我们只要求掌握单因素敏感性分析。

(5)敏感性分析的优点和局限性。

1)敏感性分析的优点。敏感性分析在一定程度上对不确定因素的变动对技术方案经济效果的影响作了定量的描述，有助于搞清楚技术方案对不确定因素的不利变动所能容许的风险程度，有助于鉴别何者是敏感因素，从而能够及早排除对那些无足轻重的变动因素的注意力，把进一步深入调查研究的重点集中在那些敏感因素上，或者针对敏感因素制定出管理和应变对策，以达到尽量减少风险、增加决策可靠性的目的。

2)敏感性分析的局限性。敏感性分析没有考虑各种不确定因素在未来发生变化的概率，这就有可能会影响分析结论的准确性。实际上，未来市场、环境等的不确定性，致使项目建设过程中的各种不确定因素在未来发生某一幅度变动的概率也不是固定不变的。现在，通过敏感性分析找出的敏感因素在未来发生的不利变动的概率可能很小，实际带来的风险并不大，甚至可以忽略不计；而另一不太敏感的因素在未来发生的不利变动的概率却很大，实际带来的风险比敏感因素更大。这种问题是敏感性分析所无法解决的，因此必须借助于风险分析(概率分析)的方法。

任务 5.3　风险分析

风险分析是一项有目的的管理活动，只有目标明确，才能发挥有效的作用；否则，风险分析就会流于形式，没有实际意义，也无法评价其效果。

风险分析的目标为：实际投资不超过计划投资；实际工期不超过计划工期；实际质量满足预期的质量要求；建设过程安全。

风险分析的主要工作包括风险识别、风险评估、风险决策和风险应对。

5.3.1　风险识别

风险识别是指在风险事故发生之前，人们运用系统论的方法系统地、连续地找出建设项目潜在的风险因素，对各种风险因素进行比较、分类、归纳，并探析风险事故发生的原因及过程。

敏感性分析是初步识别风险因素的重要手段。风险识别是风险分析和管理的一项基础工作。在风险识别时，应抓住风险最基本的特征，即不确定性和预期效益损失。

（1）风险识别的主要任务。风险识别的主要任务是明确风险存在的可能性，为风险评估、风险评价和风险应对奠定基础。

（2）风险识别的步骤。

1）明确要实现的目标；

2）找出影响目标值的全部因素；

3）分析各因素对目标的相对影响程度；

4）根据各因素向不利方向变化的可能性进行分析、判断，并确定主要风险因素。

（3）风险识别的原则。

1）由粗及细，由细及粗原则。

①由粗及细是指对风险因素进行全面分析，并通过多种途径对工程风险进行分解，逐渐细化，以获得对工程风险的广泛认识，从而得到工程初始风险清单。

②由细及粗是指从工程初始风险清单的众多风险中，根据同类工程项目的经验及拟建工程项目具体情况的分析和风险调查，确定那些对建设工程目标实现有较大影响的工程风险，作为主要风险，即作为风险评价及风险对策的主要对象。

2）严格界定风险内涵并考虑风险之间的相关性。对各种风险的内涵要严加界定，不能出现重复和交叉现象。另外，还需要尽可能考虑各种风险因素之间的主次关系、因果关系、互斥关系、正相关关系、负相关关系等相关性。但在风险识别阶段，考虑风险因素之间的相关性有一定的难度，因此，至少应做到严格界定风险内涵。

3）先怀疑，后排除。对于所遇到的问题都要考虑其是否存在不确定性，不要轻易否定或排除某些风险，要通过认真分析进行确认或排除。

4）排除与确认并重。对于肯定可以排除和确认的风险，应尽早予以排除与确认。对于在某一时间既不能排除又不能确认的风险，再作进一步的分析，予以排除或确认。最后，对于肯定不能排除但又不能肯定予以确认的风险，按确认考虑。

5）必要时，可以做试验论证。对于某些常规方式难以判定其是否存在，也难以确定其对工程建设目标影响程度的风险，尤其是技术方面的风险，必要时可以做试验论证，如抗震试验、风洞试验等。这样做的结论可靠，但要以付出费用为代价。

（4）风险识别的方法。工程项目的风险识别可以根据其自身特点，采用相应的方法。常用的有专家调查法、财务报表法、流程图法、初始风险清单法、经验数据法和风险调查法。

1）专家调查法。专家调查法可分为两种形式：一种是召集有关专家开会，让专家各抒己见，充分发表意见，起到集思广益的作用；另一种是采用问卷式调查，各专家不知道其他专家的意见。

采用专家调查法时，所提出的问题应具体，并具有指导性和代表性，且具有一定的深度。对专家发表的意见，要由风险管理人员加以归纳分类、整理分析，有时要排除个别专家的意见。

2）财务报表法。财务报表法有助于确定一个特定企业或特定的工程项目可能遭受的损失以及在何种情况下遭受到这些损失。通过分析资产负债表、现金流量表、营业报表及有关补充资料，可以识别企业当前的所有资产、责任及人身损失风险。将这些报表与财务预测、预算结合起来，可以发现企业或工程项目未来的风险。

采用财务报表法进行风险识别时，要对财务报表中所列的各项会计科目作深入的分析研究，并提出分析研究报告，以确定可能产生的损失。还应通过一些实地调查及其他信息资料，来补充财务记录。由于工程财务报表与企业财务报表不尽相同，因此工程项目的风险识别时，需要结合工程财务报表的特点。

3）流程图法。将一项特定的生产或经营活动按步骤或阶段顺序以若干个模块形式组成一个流程图，在每个模块中都标出各种潜在的风险因素或风险事件，从而给决策者一个清晰的总体印象。一般来说，流程图中各步骤或阶段的划分比较容易，关键在于找出各步骤或阶段不同的风险因素或风险事件。由于流程图的篇幅限制，采用这种方法所得到的风险识别结果较为粗略。

4）初始风险清单法。如果对于每一个工程项目风险的识别都从头做起，至少有三个方面的缺陷：第一，耗费时间和精力多，风险识别的工作效率低；第二，由于风险识别的主观性，可能导致风险识别的随意性，其结果缺乏规范性；第三，风险识别成果资料不便积累，对今后的风险识别工作缺乏指导作用。因此，为了避免以上三个方面的缺陷，有必要建立初始风险清单。

通过适当的风险分解方式来识别风险，是建立建设工程初始风险清单的有效途径。对于大型、复杂的建设工程，首先将其按单项工程、单位工程分解，在对各单项工程、单位工程分别从时间维度、目标维度和因素维度进行分解，可以较容易地识别出建设工程主要的、常见的风险。从初始风险清单的作用来看，因素维度仅分解到各种不同的风险因素是不够的，还应进一步将各风险因素分解到风险事件。建设工程初始风险清单见表5-3。

表 5-3 建设工程初始风险清单

风险因素		典型风险事件
技术风险	设计	设计内容不全，设计缺陷、错误和遗漏，应用规范不恰当，未考虑地质条件，未考虑施工可能性等
	施工	施工工艺落后，施工技术和方案不合理，施工安全措施不当，应用新技术新方案失败，未考虑施工转款情况等
	其他	工艺设计未达到先进性指标，工艺流程不合理，未考虑操作安全性等

风险因素		典型风险事件
非技术风险	自然与环境	洪水、地震、火灾、台风等不可抗拒自然力，不明的水文气象条件，复杂的工程地质条件，恶劣的气候，施工对环境的影响等
	政治法律	法律及规章的变化，战争和骚乱、罢工、经济制裁或禁运等
	经济	通货膨胀或紧缩，汇率变动，市场动荡，社会各种摊派和征费的变化，资金不到位，资金短缺等
	组织协商	业主和上级主管部门的协调，业主和设计方、施工方以及监理方的协调，业主内部的组织协调等
	合同	合同条款遗漏、表达有误，合同类型选择不当，承发包模式选择不当，索赔管理不力，合同纠纷等
	人员	业主人员、设计人员、监理人员、一般工人、技术人员的素质(能力、效率、品德、责任心)不高
	材料设备	原材料、半成品、成品的设备供货不足或拖延，数量差错或质量规格问题，特殊材料和新材料的使用问题，过度耗费和浪费，施工设备供应不足、类型不配套、故障、安装失误、造型不当等

提示

初始风险清单只是为了便于人们较为全面地认识风险的存在，而不至于遗漏重要的工程风险，但并不是风险识别的最终结论。在初始风险清单建立后，还需要结合特定工程项目的具体情况进一步识别风险，从而对初始风险清单做一些必要的补充和修正。为此，需要参照同类工程项目风险的经验数据或针对具体工程项目的特点进行风险调查。

5) 经验数据法。经验数据法也称统计资料法，即根据已建各类工程项目与风险有关的统计资料，来识别拟建工程项目的风险。不同的风险管理主体都应有自己关于工程项目风险的经验数据或统计资料。在工程建设领域，可能有工程风险经验数据或统计资料的风险管理主体，包括咨询公司(含设计单位)、承包商，以及长期有工程项目的业主(如房地产开发商)。由于这些不同的风险管理主体的角度不同、数据或资料来源不同，其各自的初始风险清单一般都多少有些差异。但是，工程建设风险本身是客观事实，有客观的规律性。当经验数据或统计资料足够多时，这种差异性就会大大减小。何况，风险识别只是对于工程项目风险的初步识别，还是一种定性分析，因此，这种基于经验数据或统计资料的初始风险清单可以满足对工程项目识别的需要。

6) 风险调查法。风险调查法是工程项目风险识别的重要方法。风险调查应当从分析具体工程项目的特点入手，一方面，对通过其他方法已识别出的风险(如初始风险清单所列出的风险)进行鉴别和确认；另一方面，通过风险调查有可能发现此前尚未识别出的重要工程风险。

通常，风险调查可以从组织、技术、自然及环境、经济、合同等方面分析拟建工程的特点及相应的潜在风险。

由于风险管理是一个系统的、完整的循环过程，因而风险调查并不是一次性的，应该在工程项目实施的全过程中不断进行，这样才能了解不断变化的条件对工程风险状态的影响。

5.3.2 风险评估

风险评估是对风险的规律性进行研究和量化分析。工程建设中存在的每一种风险都有自身的规律和特点、影响范围和影响量。通过分析，可以将它们的影响统一成为成本目标的形式，按货币单位来度量，并对每一种风险进行评估。

(1)风险评估的内容。风险评估的内容包括风险估计、风险损失量估计和风险等级评估。

1)风险估计。风险估计又称风险测定、风险测试、风险衡量、风险估算等，是在风险识别之后，通过定量分析的方法测量风险发生的可能性及对项目的影响程度。风险估计主要是确定风险因素的概率分布以及项目经济评价指标的概率、期望值和偏差。

风险估计可分为主观概率估计和客观概率估计。一般来说，风险事件的概率分布应由历史资料来确定，是对大量历史资料进行统计分析所得到的，这样得到的概率分布即客观概率分布。当没有足够的历史资料确定风险事件的概率分布时，由决策人自己或借助咨询机构或由专家凭经验进行估计得出的概率分布即主观概率分布。因为风险分析是针对拟建项目实施之前进行的，所以很难获得足够的时间与资金对某一事件发生的可能性做大量的试验，也不可能拥有大量准确的项目客观信息，不可能作出准确的分析，很难计算出该事件发生的客观概率。因此，在风险分析中，风险估计主要是主观概率估计。实际上，主观概率也是人们在长期实践的基础上得来的，并非纯主观的随意猜想。

风险估计首先是要确定风险事件的概率分布，概率分布函数给出的分布形式、期望值、方差、标准差等信息，可直接或间接用来判断项目的风险。常用的概率分布类型有离散型概率分布和连续型概率分布。

①离散型概率分布。当输入变量可能值为有限个数，并知道各取值的概率时，这种随机变量称为离散随机变量，其概率称为离散概率，它适用于变量取值个数不多的输入变量，可以在给定的条件下计算相应的指标值，从而得出判断指标的概率分布。

在这种概率分布下，指标的期望值为：

$$\overline{x} = \sum_{i=1}^{n} p_i x_i \tag{5-11}$$

式中　$\overline{x}$——指标的期望值；

p_i——第 i 种状态发生的概率；

x_i——第 i 种状态发生的指标值；

n——可能的状态数。

指标的方差 D 为：

$$D = \sum_{i=1}^{n} p_i (x_i - \overline{x})^2 \tag{5-12}$$

【例 5-4】 某工程项目的净现值为随机变量，表 5-4 所示为离散型概率分布有关数据，求净现值的期望值与方差。

表 5-4 有关数据表

净现值的可能状态/万元	100	120	150	200
概率分布	0.1	0.4	0.3	0.2

解： 净现值的期望值＝0.1×100＋120×0.4＋150×0.3＋200×0.2＝143（万元）

净现值的方差＝0.1×(100−143)²＋0.4×(120−143)²＋0.3×(150−143)²＋0.2×(200−143)²

＝1 061（万元）

②连续型概率分布。当一个变量的取值范围为一个区间时，无法按一定次序一一列举出来时，这种随机变量称为连续随机变量，其概率称为连续概率。常用的连续概率分布有正态分布、对数正态分布、泊松分布、三角分布、梯形分布、β分布、均匀分布、二项分布等，各种状态的概率之和等于 1，在这里不作详细介绍。

在风险估计中，确定概率分布时，需要注意充分利用已获得的各种信息进行估测和计算。在获得的信息不够充分的条件下，则需要根据主观判断和近似的方法确定概率分布，具体采用何种分布应根据项目风险特点而定。

2）风险损失量估计。风险损失量是个非常复杂的问题，有的风险造成的风险损失较小，有的风险造成的风险损失很大，甚至可能引起整个工程的中断或报废。风险之间常常是有联系的。某个工程活动受到干扰而拖延，则可能影响其后面的许多活动。

工程项目风险损失包括投资风险、进度风险、质量风险和安全风险。

①投资风险。投资风险导致的损失可以直接用货币的形式来表示，即价格、汇率和利率等的变化或资金安排使用不当等风险事件引起的实际投资超出计划投资的数额。

②进度风险。进度风险导致的损失由以下部分组成。

a. 货币的时间价值：进度风险的发生可能会对现金流动造成影响，在利率的作用下引起经济损失。

b. 为赶上计划进度所需的额外费用：包括加班的人工费、机械使用费和管理费等一切因追赶进度所发生的非计划费用。

c. 延期投入使用的收入损失：这方面的损失不仅仅是延误期间内的损失，还可能由于产品投入市场过迟而失去商机，从而大大降低市场份额，因而，这方面的损失是相当巨大的。

③质量风险。质量风险导致的损失包括以下几个方面：

a. 建筑物、构筑物或其他结构倒塌所造成的直接经济损失；

b. 复位纠偏、加固补强等补救等措施和返工的费用；

c. 造成工期延误的损失；

d. 永久性缺陷对于建设工程使用造成的损失；

e. 第三者责任的损失。

④安全风险。安全风险的损失包括以下几个方面：

a. 受伤人员的医疗费用和补偿费；

b. 财产损失，包括材料、设备等财产的损毁或被盗；

c. 因其引起工期延误带来的损失；

d. 为恢复工程项目正常实施所发生的费用；

e. 第三者责任损失，在工程项目实施期间，因意外事故可能导致的第三者的人身伤亡和财产损失所做的经济赔偿，以及必须承担的法律责任。

由以上四个方面风险的内容可知，投资增加可以直接用货币来衡量；进度的拖延则属于时间范畴，同时也会导致经济损失；而质量事故和安全事故既会产生经济影响又可能导致工期延误和第三者责任，显得更加复杂。而第三者责任除法律责任外，一般都是以经济赔偿的形式来实现的。因此，这四个方面的风险最终都可以归纳为经济损失。

3)风险等级评估。风险因素涉及各个方面，如果人们不对所有的风险都予以重视，将大大提高管理费用，干扰正常的决策过程。所以，应根据风险因素发生的概率和损失量，确定风险程度，进行风险等级评估，找出影响项目成败的关键风险因素。一般采用评价指标的概率分布或累计概率、期望值、标准差作为判别标准，也可以采用综合风险等级作为判别标准。

①以评价指标作为判别标准。内部收益率大于或等于基准收益率的累计概率值越大，风险越小；标准差越小，风险越小。

②以综合等级作为判别标准。风险程度是风险发生的概率和风险发生后的损失严重性的综合结果。

a. 通常一个具体的风险，如果它发生，则其风险程度为：

$$R = p \times x \tag{5-13}$$

式中　R——风险程度；

　　　p——风险发生的概率；

　　　x——风险的损失量。

b. 对于多个风险，则其风险程度为：

$$R = \sum_{i=1}^{n} R_i = \sum_{i=1}^{n} p_i \times x_i \tag{5-14}$$

式中　R——风险程度；

　　　R_i——每一风险因素引起的风险程度；

　　　p_i——每一风险因素发生的概率；

　　　x_i——每一风险的损失量。

根据风险因素发生的可能性及其造成的损失程度，建立综合风险等级的矩阵，将综合风险等级可分为风险很强的 K（Kill）级、风险强的 M（Modify）级、风险较强的 T（Trigger）级、风险适度的 R（Review and reconsider）级和风险弱的 I（Ignore）级。综合风险等级见表 5-5。

表 5-5　综合风险等级

综合风险等级		风险影响程度			
		严重	较大	适度	低
风险的可能性	高	K	M	R	R
	较高	M	M	R	R
	适度	T	T	R	I
	低	T	T	R	I

风险评估分析结果必须用文字、图表进行表达说明，并作为风险管理的文档，即以文字、表格的形式形成风险评估报告。评估分析结果不仅作为风险评估的成果，而且应作为人们进行风险管理的依据。

（2）风险评估的方法。

1）概率分析。简单的概率分析是在根据经验设定各种情况发生的可能性（概率）后，计算项目净现值的期望值大于或等于零时的累计概率。在大多数的概率分析中，作为随机变量，期望值和标准差是描述净现值数字特征的主要参数。在方案比选中，则可以只计算净现值的期望值。

①概率分析的步骤。

a. 列出各种需要考虑的不确定性因素，如投资、收益、成本等；

b. 根据历史资料或经验估计不确定性因素的概率分布，或直接确定各种不确定性因素的各种取值及其相应的概率，每种不确定性因素可能发生的概率之和必须等于 1；

c. 分别求出各种可能发生事件的净现值、加权净现值，然后求出净现值的期望值、标准差或变异系数；

d. 求出净现值大于或等于零的累计概率，判断项目风险的大小。

②有关参数的计算。

a. 期望值。净现值的期望值的计算公式可表示为：

$$E(NPV) = \sum_{i=1}^{n} NPV_i \times p_i \tag{5-15}$$

式中　$E(NPV)$——净现值的期望值；

NPV_i——各种现金流量下的净现值；

p_i——对应于各种现金流量的净现值的概率。

一般来说，期望值大的方案优于期望值小的方案。

净现值的期望值在概率分析中是一个非常重要的指标，在对项目进行概率分析时，一般都要计算项目净现值的期望值及净现值大于或等于零时的概率。累计概率越大，表明项目的风险越小。

【例 5-5】 已知某投资方案各种因素可能出现的数值及相对应的概率见表 5-6。假设投资发生在期初，年净现金流量均发生在各年的年末。已知基准折现率为 10%，试求其净现值的期望值。

表 5-6　常见替代方案举例

投资额/万元		年净收益/万元		寿命期/年	
数值	概率	数值	概率	数值	概率
120	0.30	20	0.25	10	1.00
150	0.50	28	0.40		
175	0.20	33	0.35		

解： 根据各因素的取值范围，共有 9 种不同的组合状态，根据净现值的计算公式，可以求出各种状态的净现值及其对应的概率见表 5-7。

表 5-7　方案所有组合状态的概率及净现值

投资额/万元	120			150			175		
年净收益/万元	20	28	33	20	28	33	20	28	33
组合概率	0.075	0.12	0.105	0.125	0.2	0.175	0.05	0.08	0.07
净现值/万元	2.89	52.05	82.77	−27.11	22.05	52.77	−52.11	−2.95	27.77

计算净现值的期望值：

$$E(NPV) = 2.89 \times 0.075 + 52.05 \times 0.12 + 82.77 \times 0.105 - 27.11 \times 0.125 + 22.05 \times 0.2 + 52.77 \times 0.175 - 52.11 \times 0.05 - 2.95 \times 0.08 + 27.77 \times 0.07$$
$$= 24.51（万元）$$

投资方案净现值的期望值为 24.51 万元。

b. 标准差和变异系数。标准差可以表示为：

$$\sigma = \sqrt{\sum_{i=1}^{n} \left[NPV_i - E(NPV)\right]^2 \times p_i} \tag{5-16}$$

式中　　σ——净现值的标准差；

式中，其他符号意义同前。

对于期望值相同的方案，标准差越大，说明其偏离期望值的程度越大，因而风险越大。

为了比较期望值不同的投资项目之间的风险程度大小，需要引进"变异系数"的概念。变异系数 V 可以表示为：

$$V = \frac{\sigma}{E(NPV)} \tag{5-17}$$

变异系数越大，则该投资项目的风险越大。

2）解析法。在方案经济效果指标服从某种典型概率分布的情况下，如果已知其期望值和标准差，可以用解析法进行风险估计。

3）蒙特卡洛模拟法。蒙特卡洛模拟法是用随机抽样的方法抽取一组输入变量的概率分布特征的数值，输入这组变量计算项目的评价指标，通过多次抽样计算可获得评价指标的概率分布、期望值、方差、标准差，计算项目可行或不可行的概率，从而估计项目投资所承担的风险。

蒙特卡洛模拟法不仅适用于离散型随机变量情况，也适用于连续型随机变量。若遇到随机变量较多且概率分布是连续性的，采用概率分析法将变得十分复杂，而蒙特卡洛模拟法却能比较方便地解决此类问题。具体应用在此不作赘述。

5.3.3 风险决策

风险决策是着眼于风险条件下方案取舍的基本原则和多方案比较的方法。风险决策行为取决于决策者的风险态度，对于同一风险决策问题，风险态度不同的人决策的结果通常有较大的差异。典型的风险态度有风险厌恶、风险中性和风险偏爱三种表现形式。与风险态度相对应，风险决策人可以有以下决策准则。

（1）风险决策准则。与风险态度相对应，风险决策人可以有以下决策原则。

1）优势原则。在两个可选方案中，在任何条件下方案 A 总是优于方案 B，则称 A 为优势方案；B 为劣势方案，应予以排除。应用优势原则一般不能决定最佳方案，但可以减少可选方案的数量，缩小决策范围。

2）期望值原则。如果选用的经济指标为收益指标，则应选择期望值大的方案；如果选用的是成本费用指标，则应选择期望值小的方案。

3）最小方差原则。方差反映了实际发生的方案可能偏离其期望值的程度。在同等条件下，方差越小，意味着项目的风险越小，稳定性和可靠性越高，应优先选择。

根据期望值和最小方差选择的结果往往会出现矛盾。在这种情况下，方案的最终选择与决策者有关。风险承受能力较强的决策者倾向于作出乐观的选择（根据期望值），而风险承受能力较弱的决策者倾向于安全的方案（根据方差）。

4）最大可能原则。若某一状态发生的概率显著大于其他状态，则可根据该状态下各方案的技术经济指标进行决策，而不考虑其他状态。只有当某一状态发生的概率大大高于其他状态，且各方案在不同状态下的损益值差别不是很大时，方可应用最大可能原则。

5）满意度原则（相对最优原则）。在工程实践中，由于决策人的理性有限性和时空的限制，既不能找到一切方案，也不能比较一切方案，并非人们不喜欢"最优"，而是取得"最优"的代价太高。因此，最优原则只存在于纯粹的逻辑推理中。在实践中只要遵循满意度原则（相对最优原则），就可以进行决策，即制定一个足够满意的目标值，将各种可选方案在不同状态下的损益值与此目标值相比较进而作出决策，即在给定的诸多方案中选择其中最优的方案。

（2）风险决策的方法。风险决策的方法有决策树分析法、决策收益表法等。这里，只介绍决策树分析法。

1）决策树分析法的含义。决策树分析法是指利用概率和期望值的概念，根据因素之间的逻辑关系，采用形象的树状结构描述各种状态下的因素值及相应的概率，并据此计算评价因素的期望值、标准差及可行概率，进行方案风险决策的方法。它比较直观、形象，层次清晰，不易遗漏、出错，特别适用于分析比较复杂的问题。

2）决策树分析法的构成。决策树由决策点、机会点（状态点）、方案分枝和概率分枝构成。决策点是决策树的起点，用方框表示；从决策点方框引出的每条直线代表一个方案，称作方案分枝；各方案分枝的末端的圆圈代表机会点，也称状态点或随机状态点；从机会点引出的每条直线代表一种自然状态，叫作概率分枝。决策树的基本结构如图5-4所示。

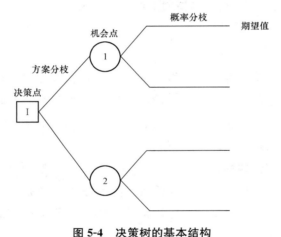

图5-4　决策树的基本结构

3）决策树分析法的步骤。

①列出要考虑的各种风险因素，如投资、经营成本、销售价格等；

②设想各种风险因素可能发生的状态，即确定其数值发生变化的个数；

③分别确定各种状态可能出现的概率，并使可能发生的状态概率之和为1；

④绘制决策树，按上述要求由左向右的顺序展开；

⑤分别求出各种风险因素发生变化时，方案净现金流量的各种状态和相应状态下的净现值 NPV；

⑥计算每个节点的期望值（均值）。期望值的计算公式为：

$$E(X) = \sum_{i=1}^{n} x_i \times p_i \tag{5-18}$$

式中　$E(X)$——期望值；

　　　x_i——在第 i 种状态下不确定因素 x 的取值；

　　　p_i——在第 i 种状态下不确定因素 x 的取值为 x_i 的概率；

　　　n——可能出现的状态数。

⑦剪枝并对决策结果进行说明，即进行方案的优选。一般来说，期望值大的方案优于期望值小的方案。

【例5-6】 某企业生产的某种产品在市场上供不应求，因此，该企业决定投资扩建新厂。据研究分析，该产品10年后将升级换代，目前的主要竞争对手也可能扩大生产规模，故提出以下三个扩建方案。

方案一：大规模扩建新厂，需投资3亿元。据分析预测，该产品销路好时，每年的净现金流量为9 000万元；销路差时，每年的净现金流量为3 000万元。

方案二：小规模扩建新厂，需投资1.4亿元。据分析预测，该产品销路好时，每年的净现金流量为4 000万元；销路差时，每年的净现金流量为3 000万元。

方案三：先小规模扩建新厂，3年后，若该产品销路好再决定是否扩建。若再次扩建，需投资2亿元，其生产能力与方案一相同。

据预测，在今后10年内，该产品销路好的概率为0.7，销路差的概率为0.3。

基准折现率 $i_c = 10\%$，不考虑建设期所持续的时间，现值系数表见表5-8。

表5-8 现值系数表

n	1	2	3	7	10
$(P/A, 10\%, n)$	0.909	2.487	4.868	6.145	
$(P/F, 10\%, n)$	0.909	0.751	0.513	0.386	

试用决策树分析法进行决策，决定采用哪个方案？

解： 根据背景资料所给出的条件画出决策树，标明各方案的概率值和净现金流量，如图5-5所示。

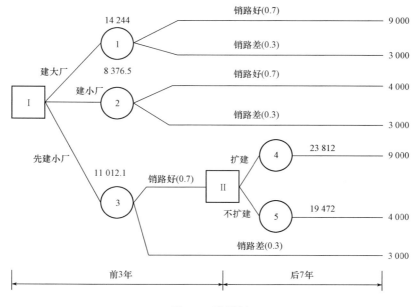

图5-5 决策树

计算图中各机会点的期望值(将计算结果标在各机会点上方)。

点①：$(9\ 000\times0.7+3\ 000\times0.3)\times(P/A,\ 10\%,\ 10)-30\ 000=14\ 244$(万元)

点②：$(4\ 000\times0.7+3\ 000\times0.3)\times(P/A,\ 10\%,\ 10)-14\ 000=8\ 736.5$(万元)

点④：$9\ 000\times(P/A,\ 10\%,\ 7)-20\ 000=23\ 812$(万元)

点⑤：$4\ 000\times(P/A,\ 10\%,\ 7)=19\ 472$(万元)

对于决策点Ⅱ，机会点④的期望值大于机会点⑤的期望值，因此采用 3 年后销路好时再次扩建的方案。

机会点③包括以下两种状态下的两个方案。

方案一：销路好的状态下前 3 年小规模扩建，后 7 年再次扩建。

方案二：销路差的状态下小规模扩建持续 10 年。

故机会点③的期望值为：

$4\ 000\times0.7\times(P/A,\ 10\%,\ 3)+23\ 812\times0.7\times(P/A,\ 10\%,\ 3)+3\ 000\times0.3\times(P/A,\ 10\%,\ 10)-14\ 000=11\ 012.1$(万元)

对于决策点Ⅰ的决策，需比较机会点①、②、③的期望值，由于机会点①的期望值最大，故应采用方案一，即大规模扩大新厂。

5.3.4 风险应对

风险应对是指根据风险评价的结果，研究规避、控制与防范风险的措施，为项目全过程风险管理提供依据。决策阶段风险应对的主要措施包括：强调多方案比选；对潜在风险因素提出必要研究与试验课题；对投资估算与财务(经济)分析应留有充分的余地；对建设或生产经营期的潜在风险采取必要的应对措施。

结合综合风险因素等级的分析结果，应提出下列应对方案。

K 级：风险很强，出现这类风险就要放弃项目。M 级：风险强，修正拟议中的方案，通过改变设计或采取补救措施等。T 级：风险较强，设定某些指标的临界值，指标一旦达到临界值，就要变更设计或对负面影响采取补救措施。R 级：风险适度(较小)，适当采取措施后不影响项目。I 级：风险弱，可忽略。

风险应对的四种基本方法为风险规避、风险减轻、风险转移和风险自留。

(1)风险规避。风险规避是指承包商设法远离、躲避可能发生风险的行为和环境，从而达到避免风险发生的可能。具体做法有以下三种。

1)拒绝承担风险。承包商拒绝承担风险的大致情况包括：对某些存在致命风险的工程拒绝投标；利用合同保护自己，不承担该由业主承担的风险；不接受实力差、信誉不佳的分包商和材料、设备供应商，即使是业主或者有实权的其他任何人的推荐；不委托道德水平低下或其他综合素质不高的中介组织或个人。

2)承担小风险回避大风险。在项目决策时，放弃明显导致亏损的项目。对于风险超过自身承受能力的，成功把握不大的项目，不参与投标、合资等。甚至有时在工程进行到一半时，预测后期风险很大，必然有更大的亏损，不得不采取中断项目的措施。

3)为了避免风险而损失一定的较小的利益。利益可以计算，但风险损失是较难估计的，在特定情况下，采用此种做法。如在建材市场有些材料价格波动较大，承包商与供应商提前订立供销合同并付一定数量的定金，从而避免因涨价而带来的风险；采购生产要素时应选择信誉好、实力强的分包商，虽然价格略高于市场平均价，但分包商违约的风险小了。

规避风险虽然是一种风险响应策略，但应该承认这是一种消极的防范手段。因为规避风险固然避免了损失，但同时也失去了获利的机会。如果企业想生存、图发展，又想规避其预测的某种风险，最好的办法是采用除规避外的其他策略。

（2）风险减轻。承包商的实力越强，市场占有率越高，抵御风险的能力也就越强，一旦出现风险，其造成的影响就相对小些。如承包商承担一个项目，出现风险会使他难以承受；若承包若干个工程，其中一旦在某个项目上出现了风险损失，还可以有其他项目的成功加以弥补。这样，承包商的风险压力就会减轻。

在分包合同中，通常要求分包商接受建设单位合同文件中的各项合同条款，使分包商分担一部分风险。有的承包商直接把风险比较大的部分分包出去，将建设单位规定的误期损失赔偿费如数打入分保合同，将这项风险分散。

（3）风险转移。风险转移是指在不能规避风险的情况下，将自身面临的风险转移给其他主体来承担。风险的转移并非转嫁损失，有些承包商无法控制的风险因素，其他主体都可以控制。风险转移一般是指对分包商和保险机构。

1）转移给分包商。工程风险中的很大一部分可以分散给若干分包商和生产要素供应商。例如，对待业主拖欠工程款的风险，可以在分包合同中规定在业主支付工程款给总包商后若干日内向分包方支付工程款。

承包商在项目中投入的资源越少越好，以便遇到风险时可以进退自如。可以租赁或指令分包商自带设备等措施来减少自身资金、设备沉淀。

2）工程保险。工程保险是指业主和承包商为了工程项目的顺利实施，向保险人（公司）支付保险费，保险人根据合同约定对在工程建设中可能产生的财产和人身伤害承担赔偿保险金责任。

购买保险是一种非常有效的转移风险的手段，将自身面临的风险很大一部分转移给保险公司来承担。

3）工程担保。工程担保是指担保人（一般为银行、担保公司、保险公司以及其他金融机构、商业团体或个人）应工程合同一方（申请人）的要求向另一方（债权人）做出的书面承诺。工程担保是工程风险转移的一项重要措施，它能有效地保障工程建设的顺利进行。许多国家政府都在法规中要求进行工程担保，在标准合同中也含有关于工程担保的条款。

（4）风险自留。风险自留是指承包商将风险留给自己承担，不予转移。这种手段有时是无意识的，即当初并不曾预测地，不曾有意识地采取各种有效措施，以致最后只好由自己承受；但有时也可以是主动的，即经营者有意识、有计划地将若干风险主动留给自己。

决定风险自留必须符合的条件（满足其中一项即可）包括：自留费用低于保险公司所收

取的费用；企业的期望损失低于保险人的估计；企业有较多的风险单位，且企业有能力准确地预测其损失；企业的最大潜在损失或最大期望损失较小；短期内企业有承受最大潜在损失或最大期望损失的经济能力；风险管理目标可以承受年度损失的重大差异；费用和损失支付分布于很长的时间里，因而导致很大的机会成本；投资机会很好；内部服务或非保险人服务优良。

如果实际情况与上述条件相反，则应放弃风险自留的决定。

项目小结

不确定性分析与风险分析是工程项目经济评价的重要内容。由于各种经济要素的未来变化带有不确定性，加之预测方法的局限性，经济效果评价所采用的预测值与未来的实际值可能出现偏差，使得实际效果偏离预测值，从而给投资者带来投资风险。为了尽量避免投资决策的失误，有必要进行不确定性分析与风险分析。本项目主要介绍了不确定性分析的方法和风险分析评估与决策。

项目练习

一、单项选择题

1. 某技术方案经过计算得出的财务内部收益率大于基准收益率，根据方案评价准则认为该技术方案是可行的。然而在技术方案实施过程中，各种外部条件发生变化或测算数据出现误差将会导致财务内部收益率低于基准收益率，甚至发生亏损。为了估计技术方案可能承担的不确定性风险和对风险的承受能力，需要进行（　　）。

A. 确定性分析　　　　　　　　　B. 不确定性分析

C. 财务分析　　　　　　　　　　D. 市场分析

2. 盈亏平衡分析是将技术方案投产后的产销量作为不确定因素，通过计算企业或技术方案盈亏平衡点的产销量，分析判断不确定性因素对技术方案经济效果的影响程度，说明该技术方案实施的风险大小及项目（　　）。

A. 承担风险的能力　　　　　　　B. 盈利的能力

C. 排除风险的能力　　　　　　　D. 经营的能力

3. 技术方案评价中的敏感性分析是分析各种不确定因素发生变化时，对经济效果评价指标的影响，并计算敏感度系数和临界点，找出（　　）。

A. 敏感因素　　　　　　　　　　B. 风险因素

C. 影响因素　　　　　　　　　　D. 不确定和性因素

4. 在基本的量本利图中，横坐标为产销量，纵坐标为金额。在一定时期内，产品价格不变时，销售收入随产销数量增加而增加，呈线性函数关系；当单位产品的变动成本不变时，总成本也呈线性变化。销售收入线与总成本线的交点是盈亏平衡点，也称(　　)。

A. 盈利点
B. 临界点

C. 亏损点
D. 保本点

5. 某技术方案年设计生产能力为 15 万台，年固定成本为 1 500 万元，产品单台销售价格为 800 元，单台产品可变成本为 500 元，单台产品税金及附加为 80 元，该技术方案盈亏平衡点的产销量 $BEP(Q)$ 为(　　)台。

A. 58 010
B. 60 000

C. 60 110
D. 68 181

6. 某技术方案有两个可实施方案，在设计产量相同的情况下，根据对不同方案的盈亏平衡产量分析，投资者选择方案的依据应是(　　)。

A. 盈亏平衡点低
B. 盈亏平衡点高

C. 敏感程度大
D. 敏感程度小

7. 某技术方案年设计生产能力为 10 万台，年固定成本为 1 200 万元，产品单台销售价格为 900 元，单台产品可变成本为 560 元，单台产品税金及附加为 120 元。则该技术方案的盈亏平衡生产能力利用率为(　　)。

A. 53.53%
B. 54.55%

C. 65.20%
D. 74.50%

8. 若分析投资大小对方案资金回收能力的影响，可选用的分析指标是(　　)。

A. 投资收益率
B. 投资回收期

C. 财务净现值
D. 财务内部收益率

9. 在单因素敏感性分析中，可用于静态的分析指标，也可用于动态的分析指标是(　　)。

A. 投资收益率
B. 投资回收期

C. 财务净现值
D. 财务内部收益率

10. 对某技术方案进行单因素敏感性分析中，设甲、乙、丙、丁四个因素分别发生 5%、10%、10%、15% 的变化，使评价指标财务净现值分别产生 10%、15%、25%、25% 的变化，相比而言，最敏感的因素是(　　)。

A. 甲
B. 乙
C. 丙
D. 丁

二、多项选择题

1. 技术方案不确定性因素产生的原因有(　　)。

A. 所依据的基本数据不足或统计偏差
B. 决策者水平的局限

C. 生产工艺或技术的更新
D. 预测方法的局限和不准确

E. 通货膨胀

2. 关于盈亏平衡分析的说法，下列正确的有(　　)。

A. 盈亏平衡点越小，项目投产后盈利的可能性越大，抗风险能力越强

B. 当企业在小于盈亏平衡点的产量下组织生产时，企业盈利

C. 盈亏平衡分析只适用于技术方案的经济效果评价

D. 生产能力利用率大于盈亏平衡点的利用率时，企业即可盈利

E. 盈亏平衡分析不能反映生产技术方案风险的根源

3. 为简化数学模型，线性盈亏平衡分析的前提条件包括( )。

A. 生产量等于销售量

B. 生产量应大于销售量

C. 产销量变化，单位可变成本不变

D. 产销量变化，销售价格不变，销售收入是产销量的线性函数

E. 只生产单一产品，不考虑生产多种产品的情况

4. 敏感度系数提供了各个不确定因素变动率与评价指标变动率之间的比例，正确表述敏感度系数的说法是( )。

A. 敏感度系数的绝对值越小，表明评价指标对于不确定性因素越敏感

B. 敏感度系数的绝对值越大，表明评价指标对于不确定性因素越敏感

C. 敏感度系数大于零，评价指标与不确定性因素同方向变化

D. 敏感度系数小于零，评价指标与不确定性因素同方向变化

E. 敏感度系数越大，表明评价指标对于不确定因素越敏感

5. 在单因素敏感性分析时，常选择的不确定性因素主要有( )。

A. 内部收益率   B. 技术方案总投资

C. 产品价格   D. 经营成本

E. 产销量

三、简答题

1. 为什么要对项目进行不确定性分析？

2. 什么是盈亏平衡点？盈亏平衡点有哪几种表现形式？

3. 敏感性分析有哪几种？

4. 敏感性分析的步骤分为哪几步？

四、技能练习

1. 某项目方案预计在计算期内的支出、收入见附表，试以净现值指标对方案进行敏感性分析，找出最敏感因素(基准收益率为10%)。

附表　计算期内的支出、收入表

年份指标	0	1	2	3	4	5	6
投资/万元	50	300	50				
年经营成本/万元				150	200	200	200
年销售收入/万元				300	400	400	400

2. 某工程方案设计生产能力为1.5万吨/年，产品销售价格为3000元/吨，年总成本

为 3 900 万元，其中固定成本为 1 800 万元。试求以产量、销售收入、生产能力利用率、销售价格和单位产品可变成本表示的盈亏平衡点。

3. 某厂设计生产能力为生产钢材 30 万吨/年，钢材价格为 650 元/吨，单位产品可变成本为 400 元/吨，总固定成本为 3 000 万元。试做以下分析：

(1) 以生产能力利用率表示盈亏平衡点；

(2) 当价格、固定成本和变动成本变动 ±10% 时，对生产能力利用率盈亏平衡点的影响，并指出敏感性因素。

4. 某厂生产某产品，其售价为 21 元，单位产品可变成本 15 元，固定成本总额为 240 000 元，目前生产能力为 60 000 件。

(1) 求盈亏平衡点产量和销售量为 60 000 件时的利润额。

(2) 该厂通过市场调查后发现该产品需求量将超过目前的生产能力，因此准备扩大生产规模。扩大生产规模后，当最大生产能力增至 100 000 件时，固定成本将增加 80 000 元，单位产品变动成本将下降到 14.5 元，求此时的盈亏平衡点。

(3) 又根据市场调查，预测销售量为 70 000 件的概率为 0.5，销售量为 80 000 件的概率为 0.3，销售量为 90 000 件的概率为 0.2。试计算利润期望值并分析是否应扩大生产规模（画决策树）。

项目6 建筑设备技术经济分析

任务6.1 设备的磨损、折旧与补偿

6.1.1 设备磨损

设备是企业生产的重要物质条件，企业为了进行生产，必须花费一定的投资用以购置各种设备。设备购置后，无论使用还是闲置，都会发生磨损，磨损是设备陈旧落后的主要原因。通常，根据设备的磨损程度，确定设备是否需要更新。设备磨损可分为有形磨损和无形磨损两大类，设备磨损是这两类磨损共同作用的结果。

(1)有形磨损(又称物质磨损)。机械设备在使用或闲置过程中发生的实体磨损或损失，称为有形磨损。设备的有形磨损可以分为第一类有形磨损和第二类有形磨损两种形式。

1)第一类有形磨损。第一类有形磨损是指设备在使用过程中，在外力的作用下实体产生的磨损、变形和损坏。这种磨损的程度与使用强度和使用时间长短有关。

2)第二类有形磨损。第二类有形磨损是指设备在闲置过程中受自然力的作用而产生的实体磨损，如金属件生锈、腐蚀、橡胶件老化等。这种磨损与闲置的时间和所处环境有关。

上述两种有形磨损都造成设备的性能、精度等的降低，使得设备的运行费用和维修费用增加，效率低下，反映了设备使用价值的降低。有形磨损严重时，将影响设备的正常使用，必须进行修理或更新。

设备的有形磨损还可以按照磨损程度分为可消除的磨损和不可消除的磨损。可消除的磨损是指可以通过修理使机器恢复正常使用状态；不可消除的磨损是指磨损设备无法通过修理而达到可以继续使用的状态。

(2)无形磨损(又称精神磨损、经济磨损)。无形磨损是指由于科学技术进步引起的设备相对贬值。其不是由生产过程中使用或自然力的作用造成的，而是由于社会经济环境变化造成的设备价值贬值，是技术进步的结果。无形磨损也可分为第一类无形磨损和第二类无形磨损两种形式。

1)第一类无形磨损。第一类无形磨损设备的技术结构和性能并没有变化，但由于技术进步，设备制造工艺不断改进，社会劳动生产力水平的提高，同类设备的再生产价值降低，因而设备的市场价格也降低了，致使原设备相对贬值。这种无形磨损的后果只是现有设备原始价值部分贬值，设备本身的技术特性和功能即使用价值并未发生变化，故不会影响现

有设备的使用。因此，不产生提前更换现有设备的问题。

2）第二类无形磨损。第二类无形磨损是由于科学技术进步，不断创新出结构更先进、性能更完善、效率更高、耗费原材料和能源更少的新型设备，使原有设备相对陈旧落后，其经济效益相对降低而发生贬值。其后果不仅是使原有设备价值降低，而且由于技术上更先进的新设备的发明和应用会使原有设备的使用价值局部或全部丧失，这就产生了是否用新设备代替现有陈旧落后设备的问题。

有形和无形两种磨损都引起设备原始价值的贬值，这一点两者是相同的。不同的是，遭受有形磨损的设备，特别是磨损严重的设备，在修理之前，常常不能工作；而遭受无形磨损的设备，并不表现为实体的变化和损坏，即使无形磨损很严重，其固定资产物质形态可能没有磨损，仍然可以使用，只是继续使用该机器在经济上是否合算，需要分析研究。

（3）设备的综合磨损。设备的综合磨损是指同时存在有形磨损和无形磨损的损坏和贬值的综合情况。对任何的特定设备来说，这两种磨损必然同时发生和同时相互影响。某些方面的技术要求可能加快设备的有形磨损速度，如高强度、高速度、大负荷技术的发展，必然使设备的物质磨损加剧。同时，某些方面的技术进步又可提供耐热、耐磨、耐腐蚀、耐振动、耐冲击的新材料，使设备的有形磨损减缓，但其无形磨损加快。

6.1.2 设备磨损的补偿方式

设备发生磨损后，需要进行补偿，以恢复设备的生产能力。由于设备遭受磨损的形式不同，补偿磨损的方式也不一样。补偿可分为局部补偿和完全补偿。设备有形磨损的局部补偿是修理；设备无形磨损的局部补偿是现代化改装；设备有形磨损和无形磨损的完全补偿是更新，如图 6-1 所示。

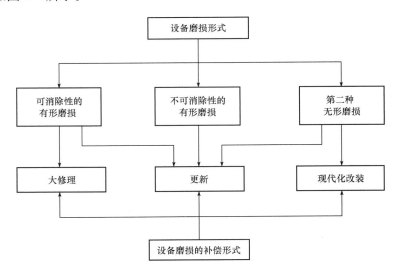

图 6-1 设备磨损的补偿

设备大修理是更换部分已磨损的零件和调整设备，以恢复设备的生产功能和效率为主；

设备现代化改造是对设备的结构做局部的改进和技术上的革新,如增添新的、必须的零部件,以增加设备的生产功能和效率为主;更新是对整个设备进行更换。

由于设备总是同时遭受有形磨损和无形磨损,因此,对其综合磨损后的补偿形式应进行更深入的研究,以确定恰当的补偿方式。对于陈旧落后的设备,即消耗高、性能差、使用操作条件不好、对环境污染严重的设备,应当用比较先进的设备尽早替代;对整机性能尚可,有局部缺陷,个别技术经济指标落后的设备,应选择适应技术进步的发展,吸收国内外的新技术,不断地加以改造和现代化改装。在设备磨损补偿工作中,最好的方案是有形磨损期与无形磨损期相互接近,这是一种理想的"无维修设计"(也就是说,当设备需要进行大修理时,恰好达到了更换的时刻)。但大多数的设备,通常通过修理可以使有形磨损期达到 20~30 年,甚至更长,但无形磨损期却比较短。在这种情况下,就存在如何对待已经无形磨损但物质上还可以继续使用的设备的问题。另外,第二种无形磨损虽使设备贬值,但它是社会生产力的反映,这种磨损越大,表示社会进步越快。因此,应充分重视对设备磨损规律的研究,加快技术进步的步伐。

6.1.3 设备折旧

设备折旧是指由于设备发生磨损后,为了使再生产过程不断延续下去,就要将设备因磨损而失去的价值逐渐转移到产品成本中,并从产品销售收入中回收。这种计入成本回收的设备的转移价值称为折旧费。

(1)影响设备折旧的主要因素。影响折旧计算的主要因素包括设备原值、设备的净残值、设备的折旧年限和折旧的计算方法。

(2)设备折旧的计算方法。设备计提折旧的方法有多种,基本上可以分为两类,即直线法(包括平均年限法和工作量法)和加速折旧法(包括双倍余额递减法和年数总和法)。

1)直线法。

①平均年限法:是按设备预计使用年限平均计提折旧的方法。其计算公式如下:

$$年折旧额 = \frac{设备原值 - 预计使用残值}{折旧年限} = \frac{设备原值 \times (1 - 预计净残值率)}{折旧年限} \tag{6-1}$$

$$年折旧率 = \frac{年折旧额}{设备原值} \times 100\% = \frac{1 - 预计净残值率}{折旧年限} \times 100\% \tag{6-2}$$

【例 6-1】 某企业有一大型设备,原值为 300 000 元,预计可使用 10 年,预计报废时的净残值为 5 000 元,此设备采用平均年限法计提折旧,试计算该设备的年折旧额和年折旧率。

解:年折旧额 $= \dfrac{300\ 000 - 5\ 000}{10} = 29\ 500(元)$

年折旧率 $= \dfrac{29\ 500}{300\ 000} \times 100\% = 9.83\%$

②工作量法:是按设备完成的工作量来计算折旧额的一种方法。

a. 交通运输企业和其他企业专用车队的客货运汽车,按照行驶里程计算折旧费,其计算公式如下:

$$单位里程折旧费=\frac{原值-预计净残值}{规定的总行驶里程}=\frac{原值\times(1-预计净残值率)}{规定的总行驶里程} \tag{6-3}$$

$$年折旧费=单位里程折旧费\times年实际行驶里程 \tag{6-4}$$

b. 大型专用设备，可根据工作小时计算折旧费。其计算公式如下：

$$每小时工作折旧费=\frac{原值-预计净残值}{规定的总工作小时}=\frac{原值\times(1-预计净残值率)}{规定的总工作小时} \tag{6-5}$$

$$年折旧额=固定资产原值\times年折旧率 \tag{6-6}$$

【例 6-2】 某企业购入货运卡车一辆，原值为 15 万元，预计净残值率为 5%，预计总行驶里程为 60 万 km，当年行驶里程为 3.6 万 km，该卡车的年折旧额是多少？

解： 单位里程折旧费 $=\dfrac{15\times(1-5\%)}{60}=0.237\,5$（万元/万 km）

本年折旧费 $=3.6\times0.237\,5=0.855$（万元）

2）加速折旧法。

①双倍余额递减法：是以平均年限法确定的折旧率的双倍乘以固定资产在每一会计期间的期初账面净值，从而确定当期应计提折旧的方法。其计算公式为：

$$年折旧率=\frac{2}{折旧年限}\times100\% \tag{6-7}$$

$$年折旧额=固定资产净值\times年折旧率 \tag{6-8}$$

【例 6-3】 某高新技术企业进口一条生产线，资产原值为 80 万元，预计使用 5 年，预计净残值为 1.6 万元，该生产线按双倍余额递减法计算各年折旧额分别是多少？

解： 年双倍直线折旧率 $=\dfrac{2}{5}\times100\%=40\%$

第一年计提折旧额 $=80\times40\%=32$（万元）

第二年计提折旧额 $=(80-32)\times40\%=19.2$（万元）

第三年计提折旧额 $=(80-32-19.2)\times40\%=11.52$（万元）

第四、五年计提折旧额 $=\dfrac{(80-32-19.2-11.52)-1.6}{2}=7.84$（万元）

②年数总和法：是以固定资产原值扣除预计净残值后的余额作为计提折旧的基础，按照逐年递减的折旧率计提折旧的一种方法。此种方法每年都要确定一个不同的折旧率。其计算公式为：

$$年折旧率=\frac{尚可使用寿命}{预计使用寿命的年数总和}\times100\%=\frac{折旧年限-已使用年数}{折旧年限\times(折旧年限+1)\div2}\times100\%$$
$$\tag{6-9}$$

$$年折旧额=(固定资产原值-预计净残值)\times折旧年限 \tag{6-10}$$

【例 6-4】 某高新技术企业进口一条生产线，固定资产原值为 40 万元，预计使用 5 年，预计净残值为 1.6 万元，在折旧期限内，各年的尚可使用年限分别为 5 年、4 年、3 年、2 年和 1 年，年数总和为 15 年。该生产线按年数总和法计算各年折旧额分别是多少？

解: 第一年: 年折旧率 $=\dfrac{5}{15}$, 年折旧额 $=(40-1.6)\times\dfrac{5}{15}=12.80(万元)$

第二年: 年折旧率 $=\dfrac{4}{15}$, 年折旧额 $=(40-1.6)\times\dfrac{4}{15}=10.24(万元)$

第三年: 年折旧率 $=\dfrac{3}{15}$, 年折旧额 $=(40-1.6)\times\dfrac{3}{15}=7.68(万元)$

第四年: 年折旧率 $=\dfrac{2}{15}$, 年折旧额 $=(40-1.6)\times\dfrac{2}{15}=5.12(万元)$

第五年: 年折旧率 $=\dfrac{1}{15}$, 年折旧额 $=(40-1.6)\times\dfrac{1}{15}=2.56(万元)$

一方面, 由于固定资产到了后期, 需要修理的次数通常增多, 发生事故的风险增大, 因而使用的时间减少, 收入随之减少; 另一方面, 由于操作效率通常降低, 导致产品产量减少, 质量下降, 也会使收入减少。另外, 效率降低还会造成燃料、人工成本的升高, 乃至原材料使用上的浪费; 加上修理和维修费不断增加, 以及设备陈旧, 竞争乏力, 均会使资产的净收入在后期少于前期。因而在大多数情况下, 选择加速折旧是合理的。

任务 6.2　设备更新概述

6.2.1　设备更新的概念

设备更新就是用经济性更好、性能更完善、技术更先进和使用效率更高的设备去更换已陈旧过时的设备, 这些被更换的设备可能是在技术上已经不能继续使用, 也可能是在经济上不宜继续使用。

广义的设备更新是指补偿设备的综合磨损, 包括设备大修、设备更换、设备更新和设备现代化改装等。就其本质来说, 可分为原型设备更新和新型设备更新。原型设备更新是简单更新, 就是用结构相同的新设备去更换有形磨损严重而不能继续使用的旧设备。这种更新主要是解决设备的损坏问题, 不具有更新技术的性质。新型设备更新是以结构更先进、技术更完善、效率更高、性能更好、能源和原材料消耗更少的新型设备来替换那些技术上陈旧、经济上不宜继续使用的旧设备。通常所说的设备更新主要是指后一种, 它是技术发展的基础。

就实物形态而言, 设备更新是用新设备替换陈旧落后的设备; 就价值形态而言, 设备更新是指设备的价值或功能得到了恢复。

设备更新的主要目的是维持或提高企业生产的现代化水平, 尽快形成新的生产能力。进行设备更新方案的经济分析, 首先涉及的是设备的寿命、磨损及补偿问题。

6.2.2　设备更新策略

设备更新分析是企业生产发展和技术进步的客观需要, 对企业的经济效益有着重要的影响。过早的设备更新，无论是由于设备暂时出现故障就报废的草率决定，还是片面追求现代化购买最新式设备的决定，都将造成资金的浪费，失去其他收益机会，对一个资金十分紧张的企业来说，可能会走向另一个极端；而采取拖延设备更新的策略，又将造成生产成本的迅速上升，从而失去竞争优势。因此，设备是否更新，何时更新，选用何种设备进行更新，既要考虑技术发展的需要，又要考虑经济方面的效益。这就需要不失时机的做好设备更新分析工作，采取适宜的设备更新策略。

设备更新策略应在系统全面了解企业现有设备的性能、磨损程度、服务年限、技术进步等情况后，分轻重缓急，有重点、有区别地对待。凡修复比较合理的，不应过早更新；可以修中有改进。通过改进工装就能使设备满足生产技术要求的不要急于更新；更新个别关键零部件就可达到要求的，不必更换整台设备；更换单机就能满足要求的，不必更换整条生产线。通常，优先考虑更新的设备如下：

(1)设备损耗严重，大修后性能、精度仍不能满足规定工艺要求的；

(2)设备损耗虽在允许范围之内，但技术已经陈旧落后，能耗高、使用操作条件不好、对环境污染严重，技术经济效果很不好的；

(3)设备役龄长，大修虽然能恢复精度，但经济效果上比不上更新的。

6.2.3 设备更新方案的比选原则

确定设备更新必须进行技术经济分析。设备更新方案比选的基本原理和评价方法与互斥型投资方案比选相同。但在实际设备更新方案比选时，应遵循以下原则。

(1)设备更新分析应站在客观的立场分析问题。设备更新问题的要点是站在客观的立场上，而不是站在旧设备的立场上考虑问题。若要保留旧设备，首先要付出相当于旧设备当前市场价值的投资，才能取得旧设备的使用权。

(2)不考虑沉没成本。沉没成本是既有企业过去投资决策发生的、非现在决策能改变(或不受现在决策影响)、已经计入过去投资费用回收计划的费用。由于沉没成本是已经发生的费用，无论企业生产什么和生产多少，这项费用都不可避免地发生，因此现在决策对它不起作用。在进行设备更新方案比选时，原设备的价值应按目前实际价值计算，而不考虑其沉没成本。例如，某设备4年前的原始成本是80 000元，目前的账面价值是30 000元，现在的市场价值仅为18 000元。在进行设备更新分析时，旧设备往往会产生一笔沉没成本，即：

$$沉没成本=设备账面价值-当前市场价值 \tag{6-11}$$

或 $$沉没成本=(设备原值-历年折旧费)-当前市场价值 \tag{6-12}$$

则本例中旧设备的沉没成本为30 000－18 000＝12 000(元)，是过去投资决策发生的，与现在更新决策无关，目前该设备的价值等于市场价值，即18 000元。

(3)逐年滚动比较。该原则是指在确定最佳更新时机时，应首先计算比较现有设备的剩余经济寿命和新设备的经济寿命，然后利用逐年滚动的计算方法进行比较。

如果不遵循这些原则，方案比选结果或更新时机的确定可能发生错误。

【例 6-5】 假定某企业在 4 年前以原始费用 22 000 元购买了机器 A，估计还可以使用 6 年，第 6 年年末估计残值为 2 000 元，年度使用费 7 000 元。现在市场上出现了机器 B，原始费用为 24 000 元，预计可以使用 10 年，第 10 年年末残值为 3 000 元，年度使用费为 4 000 元。现有两个方案：方案甲是继续使用机器 A；方案乙是将机器 A 出售，目前的售价是 8 000 元，然后购买机器 B。已知基准折现率为 15%，试比较方案甲和方案乙的优劣。

解 1：根据上述比较原则，机器 A 的原始费用是 4 年前发生的，是沉没成本。目前机器 A 的价值是 8 000 元。方案比较可以用年成本 AC 指标进行。

两个方案的直接现金流量分别如图 6-2 和图 6-3 所示。

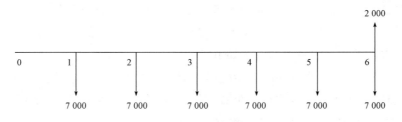

图 6-2 方案甲的直接现金流量

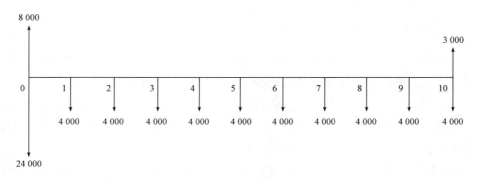

图 6-3 方案乙的直接现金流量

计算结果如下：

$AC_{甲} = 7\ 000 - 2\ 000(A/F, 15\%, 6) = 7\ 000 - 2\ 000 \times 0.114\ 2 = 6\ 771.6(元)$

$AC_{乙} = (24\ 000 - 8\ 000)(A/P, 15\%, 10) + 4\ 000 - 3\ 000(A/F, 15\%, 10)$
$= 16\ 000 \times 0.199\ 3 + 4\ 000 - 3\ 000 \times 0.049\ 3 = 7\ 040.9(元)$

因为 $AC_{甲} < AC_{乙}$，所以应选择方案甲。

解 2：两个方案的直接现金流量分别如图 6-4 和图 6-5 所示。计算结果如下：

$AC_{甲} = 8\ 000(A/P, 15\%, 6) + 7\ 000 - 2\ 000(A/F, 15\%, 6)$
$= 8\ 000 \times 0.264\ 2 + 7\ 000 - 2\ 000 \times 0.114\ 2 = 8\ 885.2(元)$

$AC_{乙} = 24\ 000(A/P, 15\%, 10) + 4\ 000 - 3\ 000(A/F, 15\%, 10)$
$= 24\ 000 \times 0.199\ 3 + 4\ 000 - 3\ 000 \times 0.049\ 3 = 8\ 635.3(元)$

因为 $AC_{甲} > AC_{乙}$，所以应选择方案乙。

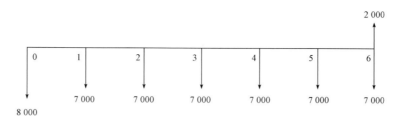

图 6-4 方案甲的现金流量

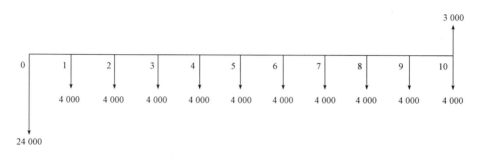

图 6-5 方案乙的现金流量

上述两种解法的结论正好相反。这是因为解 1 的方法是错误的。因为它把机器 A 的售价分摊在 10 年期间，而实际上只应将其分摊到 6 年期间。另外，把旧机器 A 的售价作为新机器 B 的收入也不妥当，因为这笔收入不是新机器 B 本身带来的，不能将两个方案的现金流量混淆。

任务 6.3 设备更新方案的比选方法

设备在使用过程中，由于有形磨损和无形磨损的共同作用，当设备使用到一定期限时，就需要利用新设备（既可以是原型设备，也可以是新型设备）进行更新。这种更新取决于设备使用寿命的效益或成本高低。

6.3.1 设备的寿命

现代设备的寿命不仅要考虑自然寿命，还要考虑设备的技术寿命和经济寿命。

（1）设备的自然寿命。设备的自然寿命又称物质寿命，是指设备从投入使用开始，直到因物质磨损严重而不能继续使用、报废为止所经历的全部时间。其主要是由设备的有形磨损决定的。做好设备维修和保养可延长设备的物质寿命，但不能从根本上避免设备的磨损，任何一台设备磨损到一定程度时，都必须进行更新。因为随着设备使用时间的延长，设备不断老化，维修所支出的费用也逐渐增加，从而出现恶性使用阶段，即经济上使用不合理的使用阶段。因此，设备的自然寿命称为设备更新的估算依据。

(2)设备的技术寿命。由于科学技术迅速发展，一方面，对产品的质量和精度要求越来越高；另一方面，也不断涌现出技术上更先进、性能更完善的机械设备，这就使得原有设备虽还能继续使用，但已经不能保证产品的精度、质量和技术要求而被淘汰。因此，设备的技术寿命是指设备从投入使用到因技术落后而被淘汰所延续的时间，也是指设备市场上维持其价值的时间，故又称为有效寿命。如一台电脑，即使完全没有使用过，它的功能也会被更为完善、技术更为先进的电脑所取代，这时它的技术寿命可以认为等于零。由此可见，技术寿命主要是由设备的无形磨损所决定的，它一般比自然寿命要短，而且科学技术进步越快，技术寿命越短。所以，在估算设备寿命时，必须考虑设备技术寿命期限的变化特点及其使用的制约或影响。

(3)设备的经济寿命。设备的经济寿命是从经济的角度来看设备最合理的使用期限。具体来说，其是指设备从投入使用开始，到继续使用在经济上不合理而被更新所经历的时间。其是由设备维护费用的提高和使用价值的降低决定的。设备使用年限越长，所分摊的设备年资产消耗成本越少，但是随着设备使用年限的增加，一方面需要更多的维修费维持原有功能；另一方面设备的操作成本及原材料、能源耗费也会增加，年运行时间、生产效率、质量等将下降。因此，年资产消耗成本的降低，会被年度运行成本的增加或收益的下降所抵消。在整个变化过程中存在着某一年份，设备年平均综合成本最低，经济效益最好的情况，如图 6-6 所示。在 N_0 年时，设备年平均使用成本达到最低值。称设备从开始使用到其年平均使用成本最小(或年盈利最高)的使用年限 N_0 为设备的经济寿命。所以，设备的经济寿命就是从经济观点(即成本观点或收益观点)确定设备更新的最佳时刻。

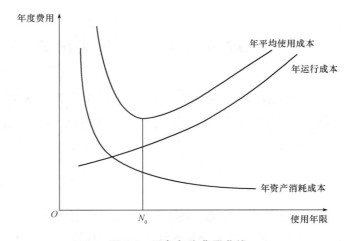

图 6-6　设备年度费用曲线

(4)设备寿命期限的影响因素。影响设备寿命期限的因素很多，其中主要包括以下内容：

1)设备的技术构成，包括设备的结构及工艺性，技术进步；

2)设备成本；

3)加工对象；

4)生产类型；

5)工作班次；

6)操作水平；

7)产品质量；

8)维护质量；

9)环境要求。

6.3.2 设备经济寿命的估算

确定设备经济寿命的方法可以分为静态和动态两种模式。

(1)静态模式。静态模式下设备经济寿命的确定方法，就是在不考虑资金时间价值的基础上计算设备年平均成本$\overline{C_N}$，使$\overline{C_N}$为最小的N_0就是设备的经济寿命。

$$\overline{C_N} = \frac{P-L_N}{N} + \frac{1}{N}\sum_{t=1}^{N} C_t \tag{6-13}$$

式中 $\overline{C_N}$——N年内设备的年平均使用成本；

P——设备目前实际价值；

L_N——第N年年末的设备净残值；

C_t——第t年的设备经营成本。

式中，$\dfrac{P-L_N}{N}$为设备的平均年度资产消耗成本，而$\dfrac{1}{N}\sum_{t=1}^{N} C_t$为设备的平均年度经营成本。

如果使用年限N为变量，则当$N_0(0<N_0\leqslant N)$为经济寿命时，应满足$\overline{C_N}$最小。

【例6-6】 某设备目前实际价值为30 000元，有关统计资料见表6-1，求其经济寿命。

表6-1 设备年经营成本及残值表 （单位：元）

继续使用年限t	1	2	3	4	5	6	7
年经营成本	5 000	6 000	7 000	9 000	11 500	14 000	17 000
年末残值	15 000	7 500	3 750	1 875	1 000	1 000	1 000

解：由表6-1可知，该设备在不同使用年限时的年平均成本见表6-2。

表6-2 设备年平均使用成本计算表 （单位：元）

使用年限N	资产消耗成本$(P-L_N)$	平均年资产消耗成本$(3)=(2)/(1)$	年度经营成本C_t	经营成本累计$\sum C_t$	平均年度经营成本$(6)=(5)/(1)$	年平均使用成本$\overline{C_N}(7)=(3)+(6)$
(1)	(2)	(3)	(4)	(5)	(6)	(7)
1	15 000	15 000	5 000	5 000	5 000	20 000

使用年限 N	资产消耗成本 $(P-L_N)$	平均年资产 消耗成本 $(3)=(2)/(1)$	年度经营成本 C_t	经营成本累计 $\sum C_t$	平均年度 经营成本 $(6)=(5)/(1)$	年平均使用成本 $\overline{C_N}(7)=(3)+(6)$
2	22 500	11 250	6 000	11 000	5 500	16 750
3	26 250	8 750	7 000	18 000	6 000	14 750
4	28 125	7 031	9 000	27 000	6 750	13 781
5	29 000	5 800	11 500	38 500	7 700	13 500
6	29 000	4 833	14 000	52 500	8 750	13 583
7	29 000	4 143	17 000	69 500	9 299	14 072

由计算结果可以看出，该设备在使用 5 年时，其平均使用成本 13 500 元为最低。故该设备的经济寿命为 5 年。

由式(6-13)和表 6-2 中可以看出，用设备的年平均使用成本 $\overline{C_N}$ 估算设备的经济寿命的过程是：在已知设备现金流量的情况下，逐年计算从寿命第 1 年到第 N 年全部使用期的年平均使用成本 $\overline{C_N}$，从中找出年平均使用成本 $\overline{C_N}$ 的最小值及其对应的年限，从而确定设备的经济寿命。

由于设备使用时间越长，设备的有形磨损和无形磨损越严重，导致设备的维护修理费用增加值越大，这种逐年递增的费用 ΔC_t 成为设备的低劣化。用低劣化数值表示设备损耗的方法称为低劣化数值法。如果每年设备的低劣化增量是均等的，即 $\Delta C_t = \lambda$，每年低劣化呈线性增长。据此，可以简化经济寿命的计算。其计算公式为：

$$N_0 = \sqrt{\frac{2(P-L_N)}{\lambda}} \tag{6-14}$$

【例 6-7】 设有一台设备，目前实际价值 $P=8\,000$ 元，预计残值 $L_N=800$ 元，第一年的使用费为 800 元，每年设备的低劣化增量是均等的，年低劣化值 $\lambda=300$ 元，求该设备的经济寿命。

解：设备的经济寿命 $N_0 = \sqrt{\dfrac{2 \times (8\,000 - 800)}{300}} = 7$（年）

如果每年设备的低劣化增量是不规则的，且年末的估计残值也是变化的。一般可根据企业的记录或者对设备的实际情况进行预测，然后采用列表的方式，通过计算设备的年度费用来求解经济寿命。

(2)动态模式。动态模式下设备经济寿命的确定方法，就是在考虑资金时间价值的情况下计算设备的净年值 NAV 或年成本 AC，通过比较年平均效益或年平均费用来确定设备的经济寿命 N_0，即：

$$NAV(N_0) = \Big[\sum_{t=0}^{N_0} (CI - CO)_t (1+i_c)^{-t} \Big] (A/P, i_c, N_0) \tag{6-15}$$

或

$$AC(N_0) = \left[\sum_{t=0}^{N_0} CO_t (P/F, i_c, t) \right] (A/P, i_c, N_0) \tag{6-16}$$

式中 $NAV(N_0)$——设备经济寿命年对应的净年值；

$(CI-CO)_t$——设备第 t 年的净现金流量；

i_c——基准折现率；

CO_t——设备第 t 年的现金流出。

式(6-16)中，如果使用年限 N 为变量，则当 $N_0(0<N_0 \leqslant N)$ 为经济寿命时，应满足：

当 $(CI-CO)_t > 0$ 时，$NAV \rightarrow$ 最大(max)；

当 $(CI-CO)_t < 0$ 时，$NAV \rightarrow$ 绝对值最小(min)。

如果设备目前实际价值为 P，使用年限为 N 年，设备第 N 年的净残值为 L_N，第 t 年的运行成本为 C_t，基准折现率为 i_c，其经济寿命为 N_0，则：

$$AC = \left[P - L_N(P/F, i_c, N) + \sum_{t=1}^{N} C_t(P/F, i_c, t) \right] (A/P, i_c, N) \tag{6-17}$$

或

$$AC = P(A/P, i_c, N) - L_N(A/F, i_c, N) + \sum_{t=1}^{N} C_t(P/F, i_c, t)(A/P, i_c, N) \tag{6-18}$$

式中，$[P(A/P, i_c, N) - L_N(A/F, i_c, N)]$ 为资金恢复费用。式(6-18)还可表示为：

$$AC = (P - L_N)(A/P, i_c, N) + L_N \cdot i_c + \sum_{t=1}^{N} C_t(P/F, i_c, t)(A/P, i_c, N) \tag{6-19}$$

由式(6-15)~式(6-19)可以看出，用净年值或年成本估算设备的经济寿命的过程是：在已知设备现金流量的情况下，逐年计算从寿命 1 年到 N 年全部使用期的年等效值，从中找出平均成本的最小值(项目考虑以支出为主时)或是平均年盈利的最大值(项目考虑以收入为主时)所对应的年限，从而确定设备的经济寿命，这个过程通常是用表格计算来完成的。

【例 6-8】 假设利率为 6%，计算例 6-6 中的设备的经济寿命。

解：计算设备不同使用年限的年成本 AC，见表 6-3。从表 6-3 中可以看出，第 6 年的年成本最小值为 14 405.2 元，因此，该设备的经济寿命为 6 年。与忽略资金时间价值因素相比，经济寿命增加了 1 年。

表 6-3 设备不同使用年限下年平均使用成本计算表   (单位：元)

N	$P - L_S$	$(A/P, 6\%, t)$	$L_N \times 6\%$	$(2) \times (3) + (4)$	C_t	$(P/F, 6\%, t)$	$[\sum (6) \times (7)] \times (3)$	$AC = (5) + (8)$
(1)	(2)	(3)	(4)	(5)	(6)	(7)	(8)	(9)
1	15 000	1.060 0	900	16 800	5 000	0.943 4	5 000	21 800
2	22 500	0.545 4	450	12 721.5	6 000	0.890 0	5 485.1	18 206.6

N	$P-L_S$	$(A/P,6\%,t)$	$L_N\times6\%$	$(2)\times(3)$ $+(4)$	C_t	$(P/F,6\%,t)$	$\left[\sum(6)\times(7)\right]$ $\times(3)$	$AC=(5)+(8)$
3	26 250	0.374 1	225	10 045.1	7 000	0.839 6	5 961	16 006.6
4	28 125	0.288 6	112.5	8 229.4	9 000	0.792 1	6 656	14 885.4
5	29 000	0.237 4	60	6 944.6	11 500	0.743 4	7 515.4	14 460
6	29 000	0.203 4	60	5 958.6	1 400	0.705 0	8 446.6	14 405.2
7	29 000	0.179 1	60	5 253.9	17 000	0.665 1	9 462.5	14 716.4

6.3.3 设备更新方案的比选

设备更新方案的比选就是对新设备(包括原型设备和新型设备)方案与旧设备方案进行比较分析,也就是决定现在马上购置新设备、淘汰旧设备;还是至少保留使用旧设备一段时间,再用新设备替换旧设备。新设备原始费用高,运营费和维修费低;旧设备原始费用(目前净残值)低,运营费和维修费高。因此,必须进行权衡判断,才能作出正确的选择,一般情况是需要进行逐年比较。

(1)静态模式下的设备更新方案比选。在静态模式下进行设备更新方案比选时,可按以下步骤进行:

1)计算新旧设备方案不同使用年限的静态平均使用成本和经济寿命;

2)确定设备更新时机。

设备更新即便在经济上是有利的,却也未必应该立即更新。换而言之,设备更新分析还包括更新时机选择的问题。

①如果旧设备继续使用1年的年平均使用成本低于新设备的年平均使用成本,即:

$$\overline{C_N}(旧)<\overline{C_N}(新)$$

此时,不更新旧设备,继续使用旧设备1年。

②当新旧设备方案出现:

$$\overline{C_N}(旧)>\overline{C_N}(新)$$

此时,应更新现有设备,这即是设备更新的时机。

(2)动态模式下的设备更新方案比选。在动态模式下进行设备更新方案比选时,可按以下步骤进行:

1)计算新旧设备方案不同使用年限的动态等额年成本和经济寿命;

2)确定设备更新时机。

①如果旧设备继续使用1年的等额年成本低于新设备的等额年成本,即:

$$AC(旧)<AC(新)$$

此时,不更新旧设备,继续使用旧设备1年。

②当新旧设备方案出现：

$$AC(旧) > AC(新)$$

此时，应更新现有设备，这即是设备更新的时机。

设备需要更新的原因有很多，一般有能力不适应、使用费过多、效率低下、精神磨损等，无论是哪种原因造成设备的更新，基本上都可以用上述方法来计算。

总之，以经济寿命为依据的更新方案比较，是使设备都使用到最有利年限来进行分析的。

【例 6-9】 某企业在 3 年前花 20 000 元购置了一台设备，目前设备的实际价值为 10 000 元，估计还能继续使用 5 年，有关资料见表 6-4。

表 6-4 设备年使用费及年末残值表 （单位：元）

继续使用年限 t	1	2	3	4	5
年使用费	3 000	4 000	5 000	6 000	7 000
年末残值	7 000	5 500	4 000	2 500	1 000

现在市场上出现同类新型设备，新设备的原始费用为 15 000 元，使用寿命估计为 10 年，有关资料见表 6-5。

表 6-5 设备年使用费及年末残值表 （单位：元）

继续使用年限 t	1	2	3	4	5	6	7	8	9	10
年使用费	1 000	1 500	2 000	2 500	3 000	3 500	4 000	5 000	6 000	7 000
年末残值	10 000	8 000	6 500	5 000	4 000	3 000	2 000	1 000	1 000	1 000

如果基准折现率 $i_c = 8\%$，试分析该企业是否需要更新现有设备。若需更新，应何时更新？

解： 原设备的原始费用 20 000 元是 3 年前发生的，属于沉没成本，应不予考虑。

(1)计算原设备和新设备的经济寿命。

1)如果原设备在保留使用 N 年，则 N 年的等额年成本 $AC(旧)$ 的计算见表 6-6。

表 6-6 等额年成本 $AC(旧)$ 计算表 （单位：元）

N	$P - L_N$	$(A/P, 6\%, t)$	$L_N \times 6\%$	$(2) \times (3) + (4)$	C_t	$(P/F, 6\%, t)$	$[\sum (6) \times (7)] \times (3)$	$AC(旧) = (5) + (8)$
(1)	(2)	(3)	(4)	(5)	(6)	(7)	(8)	(9)
1	3 000	1.080 0	560	3 800.0	3 000	0.925 9	3 000.0	6 800.0
2	4 500	0.560 8	440	2 963.6	4 000	0.857 3	3 480.8	6 444.4
3	6 000	0.388 0	320	2 648.0	5 000	0.793 8	3 948.2	6 596.2

N	$P-L_N$	$(A/P,6\%,t)$	$L_N\times6\%$	$(2)\times(3)+(4)$	C_t	$(P/F,6\%,t)$	$[\sum(6)\times(7)]\times(3)$	$AC(旧)=(5)+(8)$
4	7 500	0.301 9	200	2 464.3	6 000	0.735 0	4 403.4	6 867.7
5	9 000	0.250 5	80	2 334.5	7 000	0.680 6	4 847.1	7 181.6

从表 6-6 中可以看出，原设备保留使用 2 年，等额年成本最低，即原设备的经济寿命为 2 年，此时等额成本 $AC(旧)$ 为 6 444.4 元。

2）新设备的经济寿命求解见表 6-7。

表 6-7　等额年成本 $AC(新)$ 计算表　　　　　（单位：元）

N	$P-L_N$	$(A/P,6\%,t)$	$L_N\times6\%$	$(2)\times(3)+(4)$	C_t	$(P/F,6\%,t)$	$[\sum(6)\times(7)]\times(3)$	$AC(新)=(5)+(8)$
(1)	(2)	(3)	(4)	(5)	(6)	(7)	(8)	(9)
1	5 000	1.080 0	800	6 200.0	1 000	0.925 9	1 000.0	7 200.0
2	7 000	0.560 8	640	4 565.6	1 500	0.857 3	1 240.4	5 806.0
3	8 500	0.388 0	520	3 818.0	2 000	0.793 8	1 474.2	5 292.2
4	10 000	0.301 9	400	3 419.0	2 500	0.735 0	1 701.8	5 120.8
5	11 000	0.250 5	320	3 075.5	3 000	0.680 6	1 923.5	4 999.0
6	12 000	0.216 3	240	2 835.6	3 500	0.630 2	2 138.0	4 973.6
7	13 000	0.192 1	160	2 657.3	4 000	0.583 5	2 347.2	5 004.5
8	14 000	0.174 0	80	2 516.0	5 000	0.540 3	2 596.1	5 112.1
9	14 000	0.160 1	80	2 321.4	6 000	0.500 2	2 869.2	5 190.6
10	14 000	0.149 0	80	2 166.0	7 000	0.463 2	3 153.4	5 391.4

从表 6-7 中可以看出，新设备经济寿命为 6 年，其等额年成本 $AC(新)=4\,973.6$ 元。

$AC(旧)>AC(新)$，因此应更新现有设备。

（2）确定设备更新时机。设备更新即便在经济上是有利的，也未必要立即更新。换言之，设备更新分析还应包括新时机的选择问题。

由表 6-6 和表 6-7 可知，保留原设备 1 年：

$$AC(旧)=6\,800\ 元<AC(新)=7\,200\ 元$$

由于设备继续使用 1 年的等额年成本低于新设备的等额年成本，故不需要更新原设备，继续使用原设备 1 年。

保留原设备 2 年：

$$AC(旧)=6\,444.4\ 元>AC(新)=5\,806\ 元$$

由此可见，原设备应继续保留使用 1 年之后立即更新。

任务 6.4 设备租赁与购买方案的比选方法

由于设备的大型化、精密化、电子化等原因，设备的价格越来越昂贵。为了节省设备的巨额投资，设备租赁是一个重要的途径。同时，由于科学技术的迅速发展，设备更新的速度普遍加快，为了避免承担技术落后的风险，也可以采用租赁的办法。

6.4.1 设备租赁

(1)设备租赁的概念。设备租赁是设备使用者按照合同规定，按期向设备所有者支付租金而取得设备使用权的经营活动。其是一种契约性协议，是企业家取得设备进行生产经营的一个重要手段。规定设备的所有者(出租人)在一定时期内，根据一定的条件，将设备交给使用者(承租人)使用，承租人按协议分期支付租金，并享有对租赁资产的使用权。

(2)设备租赁的形式。

1)经营性租赁。经营性租赁又称服务租赁或管理租赁，是出租者向承租者提供一种特殊服务的租赁，即出租者除向承租者提供租赁物外，还承担租赁设备的保养、维修、管理、老化、贬值的风险。这种方式带有临时性，因而租金较高。承租者往往用这种方式租赁技术更新较快、租期较短的设备，承租设备的使用期往往也短于设备的正常使用寿命；并且经营性租赁设备的租赁费计入企业成本，可以减少企业所得税。租赁双方的任何一方可以随时以一定方式在通知对方后的规定期限内取消或终止租约。经营租赁通常为短期租赁，通常适用于一些需要专门技术进行维修保养、技术更新较快的设备。

2)融资性租赁。融资性租赁是一种融资和融物相结合的租赁方式。租赁双方承担确定时期的租让和付费义务，而不得任意中止和取消租约。出租者按照要求提供规定的设备，然后以租金形式回收设备的全部资金。这种租赁方式是以融资和对设备的长期使用为前提，租赁期相当于或超过设备的寿命期，租赁对象往往是一些贵重和大型设备。由于设备是承租者选定的，出租者对设备的整机性能、维修保养、老化风险等不承担责任。在租赁期满时，通常租赁资产的所有权转让给承租方。

提示

对于承租人来说，融资租赁的设备属于固定资产，可以将计提折旧费计入企业成本，而租赁费一般不直接列入企业成本，由企业税后支付。但租赁费中的利息和手续费可在支付时计入企业成本，作为纳税所得额中准予扣除的项目。

厂商系融资租赁公司

融资租赁是现代设备租赁的主要形式，通常为长期租赁。

融资租赁的特点包括以下内容：

①出租方式仍然保留租赁资产的所有权，但与租赁资产有关的全部风险和报酬实质上已经转移；

②租约通常是不能取消的，或者只在某些特殊情况下才能取消；

③租赁期限较长，几乎包含了租赁资产全部的有效期限；

④一般情况下，融资租赁只需要通过一次租赁，就可收回租赁资产的全部使用投资，并取得合理的利润；

⑤租赁期满时，承租人有优先选择廉价购买租赁资产的权利；或采取续租方式；或将租赁资产退还出租方。

6.4.2 设备租赁的优势与劣势

设备租赁的优势与劣势是相对于设备购买而言的。企业在进行设备投资之前，必须对企业的现金流量情况及设备的经济寿命进行详细的分析，以确定合理的投资方式。

(1)设备租赁的优势。

1)在资金短缺的情况下，既可用较少的资金获得生产急需的设备，也可以引进先进设备，加快技术进步的步伐，特别适合中小型企业。

2)可享受设备试用的优惠，加快设备更新，减少或避免设备陈旧、技术落后的风险。

3)可以保持资金的流动状态，防止呆滞，也不会使企业资产负债状况恶化。

4)保值，既不受通货膨胀的影响，也不受利率波动的影响。

5)设备租金可在所得税前扣除，能享受税上的利益。

(2)设备租赁的劣势。

1)在租赁期间承租人对租赁设备无所有权，只有使用权。故承租人无权随意对设备进行改造，不能处置设备，也不能用于担保、抵押贷款。

2)承租人在租赁期间所交的租金总额一般比直接购买设备的费用要高，即资金成本较高。

3)常年支付租金，形成长期负债。

4)租赁合同规定严格，毁约就要赔偿损失，违约金较多等。

正是由于设备租赁有利有弊，故在租赁前要进行慎重的决策分析。在企业经营管理中，设备租赁常见于老企业设备更新和新建企业设备投资决策这两种场合。无论何种场合，对于投资决策者都有一个抉择问题：在什么情况下企业应该租赁设备，并选择采用何种租赁方式对企业最有利；或在什么情况下应该直接购买设备，并选择何种购买方式对企业最有利。作出何种抉择取决于对二者的费用与风险的全面综合比较分析。

6.4.3 影响设备租赁或购买的主要因素

企业在决定进行设备投资之前，必须详细地分析项目寿命期内各年的现金流量情况，确定以何种方式投资才能获得最佳的经济效益。为此，需要考虑以下因素。

(1)项目的寿命期或设备的经济寿命。

（2）租赁设备需要付出租金，租金的支付方式包括租赁期起算日、支付日期、支付币种和支付方法等内容，它对租金会产生一定的影响；借款需要按期付息、到期还本；分期购买需要按期支付利息和部分本金。另外，还需要进一步考虑分几次付款，每期间隔时间，预付资金（定金），每次付款额度；付款期内的利率，是固定利率还是浮动利率等。决策者主要考虑哪一种支付方式的成本较低。

（3）当企业需要融通资金取得设备时，究竟是向金融机构借款，还是通过融资租赁取得资金，或是采取发行企业股票或债券来融资。金融机构的贷款利息虽然相对较低，但审批手续烦琐、耗时长，而且数量有限；发行股票和债券也需要经过一段较长时间的酝酿和准备；而融资租赁则具有帮助企业避免运用短期信用和保留其短期借款的能力。企业决策者主要应该考虑是愿意耗费时间得到低息贷款，还是希望以其他筹资方式尽早获得设备，以便尽快地取得经济效益。

（4）企业的经营费用减少与折旧费和利息减少的关系；租赁的节税优惠等。

（5）企业是需要长期占有设备，还是只希望短期需要这种设备。由于企业采用经营性租赁来的设备到期还可以退还给租赁公司，企业可以避免设备陈旧所带来的风险。

由以上因素可以看出，企业在作出租赁或是购买的决策之前，必须从支付方式、筹资方式、使用方式等诸方面考虑。决定企业租赁或购买的关键在于能否为企业节约尽可能多的支出费用，实现最好的经济效益。

6.4.4 设备租赁与购置分析

企业是购置设备还是采用租赁设备，应取决于这两种方案在经济上的比较，比较的原则和方法与一般互斥投资方案的比选相同。

（1）设备租赁与购置分析包括以下步骤。

1）根据企业生产经营目标和技术状况，提出设备更新的投资建议。

2）拟定若干设备投资、更新方案，包括：购置（包括一次性付款和分期付款购买）；租赁。

3）定性分析筛选方案，包括：分析企业财务能力，如果企业不能一次筹集并支付全部设备价款，则排除一次付款购置方案；分析设备技术风险、使用维修特点；对技术过时风险大、保养维护复杂、使用时间短的设备，应选择租赁方案；对技术过时风险小、使用时间长的大型专用设备，可选择购置或融资租赁方案。

4）定量分析并优选方案，结合其他因素，做出租赁还是购买的投资决策。

（2）设备租赁与购置的经济比选方法。

1）设备租赁的净现金流量。采用设备租赁的方案，没有资金恢复费用，租赁费可以直接进入成本，其净现金流量为：

净现金流量＝销售收入－经营成本－租赁费用－与销售相关的税金－所得税 （6-20）

或　　净现金流量＝销售收入－经营成本－租赁费用－与销售相关的税金－（销售收入－

经营成本－租赁费用－与销售相关的税金）×所得税税率　　　　　（6-21）

其中，租赁费主要包括租赁保障金占用损失、租金和担保费。

①租赁保障金占用损失。为了确认租赁合同并保证其执行，承租人必须先交纳租赁保

障金。当租赁合同结束时，租赁保障金将被退还给承租人或在偿还最后一期租金时加以抵消。因此，在租赁期间租赁保障金为出租人占用，由此占用造成承租人的损失即租赁保障金占用损失。保证金一般是合同金额的 5%，或是某一基期数的金额（如 1 个月的租金额）。

②租金。租金是签订租赁合同的一项重要内容，直接关系到出租人与承租人双方的经济利益。出租人要从取得的租金中得到出租资产的补偿和收益，即要收回租赁资产的购进原价、贷款利息、营业费用和一定的利润。承租人则要比照租金核算成本，即租赁资产所生产的产品收入，除抵偿租金外，还要取得一定的利润。影响租金的因素有很多，如设备的价格、融资的利息及费用、各种税金、租赁保证金、运费、租赁利差、各种费用的支付时间，以及租金采用的计算公式等。

对于租金的计算主要有附加率法和年金法。

a. 附加率法。附加率法是在租赁资产的设备货价或概算成本的基础上再加上一个特定的比率来计算租金。每期租金 R 表达式为：

$$R = P \frac{(1 + N \cdot i)}{N} + P \cdot r \tag{6-22}$$

式中　P——租赁资产的价格；

　　　N——出租人预定的总租期数，一般为设备的经济寿命，可按月、季、半年、年计；

　　　i——与总租期数对应的折现率；

　　　r——附加率，一般根据设备的技术经济性和租让、付费的条件确定。

【例 6-10】某企业从设备租赁公司租借一台设备。已知设备的价格为 68 万元，总租期为 5 年，每年年末支付租金，折现率为 10%，附加率为 4%，问每年租金为多少？

解： $R = 68 \times \frac{(1 + 5 \times 10\%)}{5} + 68 \times 4\% = 23.12$（万元）

b. 年金法。年金法是将一项租赁资产价值按相同比例分摊到未来各租赁期间内的租金计算方法。年金法计算可分为期末支付和期初支付租金。

期末支付方式是在每期期末等额支付租金。每期租金 R_a 表达式为：

$$R_a = P(A/P, \ i, \ N) = P \frac{i (1+i)^N}{(1+i)^N - 1} \tag{6-23}$$

期初支付方式是在每期期初等额支付租金，期初支付要比期末支付提前一期支付租金。每期租金 R_b 表达式为：

$$R_b = P(F/P, \ i, \ N-1)(A/F, \ i, \ N) \tag{6-24}$$

或

$$R_b = P(1+i)^{N-1} \frac{i}{(1+i)^N - 1} = P \frac{i (1+i)^{N-1}}{(1+i)^N - 1} = P \frac{(A/P, \ i, \ N)}{(1+i)} \tag{6-25}$$

【例 6-11】例 6-10 条件中，若折现率为 12%，其余数据不变，试分别按每年年末、每年年初支付方式计算租金。

解： 若按年末支付方式：

$$R_a = 68 \times (A/P, \ 12\%, \ 5) = 68 \times 0.277\,4 = 18.86（万元）$$

若按年初支付方式：

$$R_b = 68 \times (F/P，12\%，4) \times (A/F，12\%，5) = 68 \times 1.574 \times 0.157\,4 = 16.85(万元)$$

或

$$R_b = 68 \times \frac{12\% \times (1+12\%)^{5-1}}{(1+12\%)^5 - 1} = 68 \times 0.247\,7 = 16.84(万元)$$

③担保费。出租人一般要求承租人请担保人对该租赁交易进行担保，当承租人由于财务危机付不起租金时，由担保人代为支付租金。一般情况下，承租人需要付给担保人一定数目的担保费。

2)购买设备的净现金流量。与租赁相同条件的购买设备方案的净现金流量为：

净现金流量＝销售收入－经营成本－设备购置费－贷款利息－与销售相关的税
        金－所得税   (6-26)

或

净现金流量＝销售收入－经营成本－设备购置费－贷款利息－与销售相关的税
        金－(销售收入－经营成本－设备购置费－贷款利息－与销售相
        关的税金)×所得税税率   (6-27)

3)设备租赁与购置的经济比选。对于承租人来说，关键问题是决定租赁还是购买设备。设备租赁与购买的经济比选也是一个互斥方案的优选问题。设备寿命相同时，一般可以采用净现值法；设备寿命不同时，可以采用年值法。无论采用净现值法还是年值法，均以受益效果最大或成本最少的方案为佳。

在假设所得到设备的收入相同的条件下，最简单的方法是将租赁成本和购买成本进行比较。根据互斥方案比选的原则，只需比较它们之间的差异部分。只需比较：

设备租赁：   所得税税率×租赁费－租赁费   (6-28)
设备购置： 所得税税率×(折旧＋贷款利息)－设备购置费－贷款利息   (6-29)

由于每个企业都要对利润收入上交所得税，按财务制度规定，租赁设备的租金允许计入成本；购买设备每年计提的折旧费也允许计入成本；若用借款购买设备，其每年支付的利息也可以计入成本。在其他费用保持不变的情况下，计入成本越多，则利润总额越少，企业缴纳的所得税也越少。因此，在考虑各种方式的税收优惠影响下，应该选择税后收益更大或成本更小的方案。

【例6-12】 某企业需要某种设备，其购置费为100 000元，如果借款购买，则每年需按借款利率8%来等额支付本利，借款期和设备使用期均为5年，期末设备残值为5 000元。这种设备也可以租赁到，每年租赁费为28 000元。企业所得税税率为33%，采用直线折旧，基准贴现率为10%。试分析企业是采用购置方案还是租赁方案。

解： (1)企业采用购置方案：

1)计算年折旧费：

$$年折旧费 = \frac{100\,000 - 5\,000}{5} = 19\,000(元)$$

2)计算年借款利息:

各年支付的本利和按下式计算,则各年的还本付息见表6-8。

$$A = 100\ 000 \times (A/P, 8\%, 5) = 100\ 000 \times 0.250\ 46 = 25\ 046(元)$$

表6-8 各年利息支付计算表 (单位:元)

年份	年初剩余本金[从第2年起为(2)-(5)]	还款金额	其中支付利(2)×8%	其中还本金额(3)-(4)
(1)	(2)	(3)	(4)	(5)
1	100 000	25 046	8 000	17 046
2	82 954	25 046	6 636	18 410
3	64 544	25 046	5 164	19 882
4	44 662	25 046	3 573	21 473
5	23 819+2*	25 046	1 855	23 191
* 第5年剩余本金"+2"是约去尾数误差的累计值。				

3)计算设备购置方案的现值 P(购)。当借款购买时,企业可以将所支付的利息及折旧从成本中扣除而免税,并且可以回收残值。因此,借款购买设备的成本现值,需扣除折旧和支付利息的免税金额。

$$
\begin{aligned}
P(购) =\ & 100\ 000 - 19\ 000 \times (P/A, 10\%, 5) - 8\ 000 \times 0.33 \times (P/F, 10\%, 1) - 6\ 636 \times \\
& 0.33 \times (P/F, 10\%, 2) - 5\ 164 \times 0.33 \times (P/F, 10\%, 3) - 3\ 573 \times 0.33 \times \\
& (P/F, 10\%, 4) - 1\ 855 \times 0.33 \times (P/F, 10\%, 5) - 5\ 000 \times (P/F, 10\%, 5) \\
=\ & 100\ 000 - 19\ 000 \times 0.33 \times 3.791 - 8\ 000 \times 0.33 \times 0.909\ 1 - 6\ 636 \times 0.33 \times 0.826\ 4 - \\
& 5\ 164 \times 0.33 \times 0.751\ 3 - 3\ 573 \times 0.33 \times 0.683\ 0 - 1\ 855 \times 0.33 \times 0.620\ 9 - \\
& 5\ 000 \times 0.620\ 9 \\
=\ & 66\ 450.48(元)
\end{aligned}
$$

(2)计算设备租赁方案的现值 P(租)。当租赁设备时,承租人可以将租金计入成本而免税。故在计算设备租赁方案的成本现值时需扣除租金免税金额。

$$
\begin{aligned}
P(租) =\ & 28\ 000 \times (P/A, 10\%, 5) - 28\ 000 \times 0.33 \times (P/A, 10\%, 5) \\
=\ & 28\ 000 \times 3.791 - 28\ 000 \times 0.33 \times 3.791 \\
=\ & 71\ 119.16(元)
\end{aligned}
$$

由于 P(租)>P(购),因此,从企业角度出发,应选择购买设备的方案。

➤ 项目小结

设备是现代化企业生产的重要物质和技术基础,任何企业或项目的生产与经营都离不开设备的运行。设备在其运行过程中会发生磨损，磨损需要进行补偿。补偿方式的选择就需要通过经济分析来确定。设备的经济分析是选择设备更新方案、设备租赁方案还是设备购买方案及在各方案之间选择的依据。本项目主要介绍了设备磨损及经济寿命，理解设备更新方案、设备租赁方案和设备购买方案的经济比选。

 项目练习

一、单项选择题

1. 由于科学技术进步，不断创新出性能更完善、效率更高的设备，使原有设备相对陈旧落后，其经济效益相对降低而发生贬值，这种磨损称为（　　　）。

A. 第一种有形磨损　　　　　　　　B. 第一种无形磨损

C. 第二种有形磨损　　　　　　　　D. 第二种无形磨损

2. 关于设备磨损的表述中，下列正确的是（　　　）。

A. 有形磨损造成设备的性能、精度降低，使设备使用价值不变

B. 有形磨损和无形磨损都引起机器设备原始价值的贬值

C. 遭受无形磨损的设备不能继续使用

D. 无形磨损是受自然力作用的结果

3. 有形磨损的局部补偿形式是（　　　）。

A. 保养　　　　　　　　　　　　　B. 修理

C. 更新　　　　　　　　　　　　　D. 现代化改装

4. 设备可消除的有形磨损的补偿方式是（　　　）。

A. 修理　　　　　　　　　　　　　B. 更新

C. 现代化改装　　　　　　　　　　D. 以上均可

5. 企业的设备更新既是一个经济问题，也是一个重要的决策问题。在制订设备更新方案比较时，对原设备价值的考虑是按（　　　）。

A. 设备原值　　　　　　　　　　　B. 资产净值

C. 市场实际价值　　　　　　　　　D. 低于市场价值

6. 设备原型更新的合理依据应是设备是否达到（　　　）。

A. 自然寿命　　　　　　　　　　　B. 技术寿命

C. 折旧寿命　　　　　　　　　　　D. 经济寿命

7. 设备从开始使用到其年平均费用最低年份的延续时间称为设备的（　　　）。

A. 经济寿命　　　　　　　　　　　B. 物质寿命

C. 技术寿命　　　　　　　　　　　D. 折旧寿命

8. 一台设备在使用中产生有形磨损，使设备逐渐老化、损坏，直至报废所经历的全部时间称为设备的（　　　）。

A. 自然寿命   B. 技术寿命

C. 经济寿命   D. 折旧寿命

9. 某设备的原始价值为 16 000 元，每年低劣化增加值为 500 元，不计残值，则设备的最大使用年限（经济寿命）为（　　）年。

A. 5   B. 7

C. 6   D. 8

10. 租赁公司拟出租给企业一台设备，设备价格为 70 万元，租期为 8 年，每年年末支付租金，折现率为 10%，附加率为 5%，则每年的租金是（　　）万元。

A. 12.4   B. 15.37

C. 19.25   D. 24.18

11. 某设备 4 年前的原始成本是 20 万元，目前的账面价值是 10 万元，现在的市场价值仅为 6 万元。在进行设备更新分析时，该设备的沉没成本是（　　）万元。

A. 16   B. 10

C. 6   D. 4

12. 某设备目前的实际价值为 8 000 元，预计残值为 800 元，第一年设备运行成本为 600 元，每年设备的劣化增量是均等的，年劣化值为 300 元，则该设备的经济寿命是（　　）年。

A. 5   B. 6

C. 7   D. 8

13. 某设备 3 年前的原始成本是 5 万元，目前的账面价值是 2 万元，现在的净残值为 1 万元，则目前该设备的价值为（　　）万元。

A. 1   B. 2

C. 3   D. 4

14. 设备的等值成本构成分别是年资产消耗成本和（　　）。

A. 年修理费   B. 年运行成本

C. 年更新费用   D. 年固定成本

15. 若旧设备继续使用一年的年成本低于新设备的年成本，则应采取的措施是（　　）。

A. 更新或继续使用旧设备均可   B. 不更新旧设备，继续使用旧设备 1 年

C. 更新旧设备   D. 继续使用旧设备

16. 设备租赁与设备购买相比，引起企业现金流量发生变化的是（　　）。

A. 经营成本   B. 销售收入

C. 所得税   D. 与销售相关的税金

17. 在进行设备购买与设备租赁方案经济比较时，应将购买方案与租赁方案视为（　　）。

A. 独立方案   B. 相关方案

C. 互斥方案   D. 组合方案

18. 企业是否做出租赁与购买决定的关键在于（　　）。

A. 设备技术是否先进   B. 技术经济可行性分析

C. 设备价格是否合理   D. 设备维修是否方便

19. 某租赁公司出租给某企业一台设备，设备价格为 68 万元，租赁保证金在租赁期届满退还，租期为 5 年，每年年末支付租金，租赁保证金为 5 万元，担保费为 4 万元，折现率为 10%，附加率为 4%，租赁保证金与担保费的资金时间价值忽略不计，每年租赁费用为（ ）万元。

A. 23.12   B. 23.92

C. 24.12   D. 24.92

20. 某租赁公司出租给某企业一台设备，年租金按年金法计算，折现率为 12%，租期为 5 年，设备价格为 68 万元，承租企业年末支付租金与年初支付租金的租金差值为（ ）万元。

A. 2.00   B. 2.02

C. 2.03   D. 2.04

二、多项选择题

1. 造成设备第一种无形磨损的原因包括（ ）。

A. 技术进步

B. 社会劳动生产率水平提高

C. 受自然力的作用产生磨损

D. 同类设备的再生产价值降低

E. 使用磨损

2. 引起其设备有形磨损的原因可能是（ ）。

A. 生产过程对设备的使用

B. 自然力的作用

C. 社会技术的进步

D. 生产这种设备的生产率极大提高

E. 出现更新换代的设备

3. 关于设备磨损及磨损补偿的说法，下列正确的是（ ）。

A. 设备在闲置过程中不会发生磨损

B. 更新是对整个设备进行更换，属于完全补偿

C. 有形磨损和无形磨损都会引起机器设备原始价值的贬值

D. 无形磨损是技术进步的结果，同类设备再生产价值降低，致使原设备贬值

E. 物理磨损使得设备的运行费用和维修费用增加，效率低下

4. 通常设备使用的时间越长，其（ ）。

A. 年平均总费用越小   B. 年分摊的购置费越少

C. 年运行费用越高   D. 期末设备残值小

E. 平均总费用越大

5. 对于承租人来说，设备租赁与购买相比的优越性在于（ ）。

A. 减少设备投资

B. 租赁期间所交的租金总额比直接购买设备的费用低

C. 承租人虽无权随意对租赁设备进行改造，但却可以用该设备进行抵押贷款

D. 可获得良好的技术服务

E. 设备租金可在所得税前扣除，能享受税费上的利益

三、技能练习

1. 某化工厂根据国家环保要求必须处理污水，该厂有两种方案解决此问题，一种是利用现有设备，其年使用费用为 1 000 万元，估计还可以使用 10 年并不计残值；另一种是花 2 700 万元购买新设备，同时把旧设备以 200 万元售出，新设备年使用费用为 300 万元，也可使用 10 年并不计残值。基准折现率为 10%。请比较两个方案的优劣。

2. 某设备目前的净值为 8 000 元，还能继续使用 4 年，最后售价为 2 000 元，年使用费用为 5 000 元；新设备的购置费为 35 000 元，经济寿命为 10 年，10 年末的净残值为 4 000 元，平均年使用费用为 500 元。基准折现率为 10%，问旧设备是否需要更换？

3. 设某航空公司由于业务的扩展，需要引进一架飞机增加运力。如果直接购买，某型飞机的价格是 4 亿元，使用寿命 20 年，预计该飞机的净残值为 1 200 万元；如果通过融资租赁的模式获得飞机的使用权，则每年需要支付租金 3 600 万元，该型号飞机每年的运营费用为 4 000 万元，各种可能的维修费用平均每年大约 2 000 万元。假设企业的基准折现率为 10%，请问租赁和购置哪种方式对企业有利？

4. 某厂压缩机的购置价为 6 000 元，第一年的运营成本为 1 000 元，以后每年以 300 元定额递增。压缩机使用 1 年后的余值为 3 600 元，以后每年以 400 元递减，压缩机的最大使用年限为 8 年。若基准收益率为 15%，试用动态方法计算压缩机的经济寿命。

项目7　价值工程及其在建筑工程中的应用

任务7.1　价值工程概述

7.1.1　价值工程的产生和发展

价值工程（Value Engineering，VE）又称价值分析（Value Analysis，VA），于1947年前后起源于美国，是一门新兴的科学管理技术，是降低成本、提高经济效益的一种有效方法。

第二次世界大战期间，由于战争的需要，美国军事工业迅速发展，造成市场原材料供应严重不足，一些重要的材料很难买到，给企业生产造成很大困难。美国通用电气公司有一名叫劳伦斯·D·麦尔斯的工程师，他的任务是为该公司寻找和取得军工生产用材料。麦尔斯研究发现，采购某种材料的目的并不在于该材料本身，而在于材料的功能。在一定的条件下，虽然买不到某一种指定的材料，但可以找到具有同样功能的材料来代替，仍然可以满足其使用效果。一次该公司汽车装配厂急需一种耐火材料——石棉板，当时这种材料货源奇缺，价格飞涨，难以买进。在着急为难之际，他提出一系列问题，例如，为什么要买石棉板？它的作用是什么？是否可以用其他东西代替？经过调查分析，原来汽车装配中的涂料容易漏洒在地板上，根据美国消防法的规定，该类企业作业时地板上必须铺上一层石棉板，避免涂料弄脏地板和防止火灾。麦尔斯在弄清楚这种材料的功能后，便从"代用材料"上动脑筋，在市场上找到一种不燃烧的纸。这种纸货源充足，价格便宜，很有利于企业降低成本。通过试验，这种纸确有石棉板的隔脏和防火功能。经过与消防当局交涉协商，修改了消防法，同意采用这种代用材料。这样既保证了生产所需，又节省了开支。这就是价值工程史上著名的"石棉板事件"。这件事大大启发了麦尔斯，他在有关主管的支持下，与几个助手一起开展这方面的研究，逐渐摸索出一套特殊的工作方法，将技术设计和经济分析结合起来考虑问题，用技术与经济价值统一对比的标准衡量问题，又进一步把这种分析思想和方法推广到产品开发、设计、制造及经营管理等方面，逐渐总结出一套比较系统和科学的方法，即在保证实现同样功能的前提下，寻找代用材料、降低产品成本的科学分析方法。迈尔斯的基本观点包括以下内容。

①用户需要的不是产品本身，而是它的功能，而且用户是按照与这些功能相适应的代价来支付货币金额的。

②价值分析的核心是功能分析，企业必须认真研究用户对产品功能的要求。企业如何才能设计出物美价廉的产品，这实质上是怎样才能以最低的费用提供用户所需功能的问题。

③产品的功能与成本比值低的原因在于人，应将负责功能方面的技术部门与负责成本方面的经济及采购等部门联系起来，有效地提高价值。

麦尔斯后来负责了美国通用电气公司的价值分析活动，并不断改进这套方法，使其应用范围远远超过了原来的采购与代用方面。1947年，他以《价值分析程序》为题发表了研究成果，这标志着价值工程正式产生。由于成效显著，引起美国实业界的普遍重视与效仿。20世纪50年代初，美国国防部在舰船局全面推行这套技术，并改称其为"价值工程"，这标志着这一技术经济方法的成熟与独立。

价值工程一经产生，便显示出其巨大的生命力。麦尔斯所在的通用电气公司开展价值工程17年，花费80万美元，却带来了2亿多美元的节约。1961年，美国国防部迫于议会对军费开支过于庞大的强烈不满，要求有关企业必须采用价值工程方法降低生产成本，否则不予订货，这一措施取得巨大成效。统计资料表明，1964—1972年的9年间，美国国防部由于推广价值工程活动节约了10亿美元。美国休斯飞机公司在1978年发动4 000多人参与价值工程活动，为本公司提案3 714件，平均每件提案节约31 786美元，共节约1亿多美元。

20世纪50年代后，价值工程技术传到日本和欧洲。1955年价值工程传入日本后，将价值工程与全面质量管理结合起来，形成了具有日本特色的管理方法，并取得了极大成功。例如，日本日立公司在不景气的1974年提出价值工程倍增计划，要求把因实施价值工程而带来的节约额由原来的每月12亿日元提高到25亿日元，并把价值工程扩展到产品设计、制造、采购、运输等方面，实际每月节约额超过50亿日元。价值工程传到欧洲后，西方许多国家都迅速推广了价值工程方法，不仅在产品开发、设计和生产领域，而且在工程组织、预算、服务等领域都得到了广泛的应用。西方国家普遍成立了价值工程师学会，并在许多大学开设价值工程课程，训练和培养了大批价值工程人员。

我国运用价值工程是从20世纪70年代末期(1978年)开始的，1984年，国家经济贸易委员会将价值工程作为18种现代化管理方法之一，向全国推广。1987年，国家标准局(现国家标准化管理委员会)颁布了第一个价值工程标准《价值工程基本术语和一般工作程序》(GB 8223—1987)。自引进、推广和应用价值工程方法以来，已在很多企业得到应用，并节约了大量能源和珍贵的原材料，同时降低了生产成本，提高了经济效益。价值工程技术抓住了70%以上产品成本是由设计决定的这一事实，从改进设计入手，寻求提高效益的途径，它是企业提高竞争力的科学管理方法之一。

7.1.2　价值工程的基本原理

(1)价值工程及其特点。价值工程是以产品或作业的功能分析为核心，以提高产品或作业的价值为目的，通过有组织的创造性工作，寻求以最低的寿命周期成本，可靠地实现使用者所需功能的一种管理技术。价值工程中所述的"价值"是指作为某种产品(或作业)所具有的功能与获得该功能的全部费用的比值。它不是对象的使用价值，也不是对象的经济价值和交换价值，而是对象的比较价值，是作为评价事物有效程度的一种尺度提出来的。这种对比关系可以表达为：

$$V = \frac{F}{C} \tag{7-1}$$

式中　V——研究对象的价值；

　　　F——研究对象的功能；

　　　C——研究对象的成本，即寿命周期成本。

由此可见，价值工程涉及价值、功能和寿命周期成本三个基本要素。价值工程具有以下特点。

1)价值工程的目标是以最低的寿命周期成本，使产品具备所必须具备的功能，简而言之，就是以提高对象的价值为目标。产品的寿命周期成本由生产成本和使用及维护成本组成。产品生产成本是指用户购买产品的费用，包括产品的科研、实验、设计、试制、生产、销售等费用及税收和利润等；而产品使用及维护成本是指在使用过程中支付的各种费用总和，包括使用过程中的能耗费用、维修费用、人工费用、管理费用等，有时还包括报废拆除所需费用(扣除残值)。

在一定范围内，产品的生产成本和使用成本存在此消彼长的关系。随着产品功能水平提高，产品的生产成本 C_1 增加，使用及维护成本 C_2 降低；反之，产品功能水平降低，其生产成本降低，但使用及维护成本会增加。因此，当功能水平逐步提高时，寿命周期成本 $C = C_1 + C_2$，呈马鞍形变化，如图 7-1 所示。寿命周期成本为最小值 $C_{\min}$ 时，所对应的功能水平是从成本考虑的最适宜功能水平。

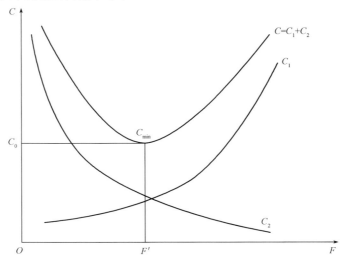

图 7-1　产品功能与成本的关系

2)价值工程的核心是对产品进行功能分析。价值工程中的功能是指对象能够满足某种要求的一种属性，具体来说，功能就是效用。如住宅的功能是提供居住空间，建筑物基础的功能是承受荷载等。用户向生产企业购买产品，是要求生产企业提供这种产品的功能，而不是产品的具体结构(或零部件)。企业生产的目的，也是通过生产获得用户所期望的功能，而结构、材质等是实现这些功能的手段。目的是主要的，手段可以广泛地选择。因此，价值工程分析产品，首先不是分析其结构，而是分析其功能。在分析功能的基础之上，再去研究结构、材质等问题。

3)价值工程将产品价值、功能和成本作为一个整体来考虑。也就是说，价值工程中对价值、功能、成本的考虑，不是片面的、孤立的，而是在确保产品功能的基础上综合考虑生产成本和使用成本，兼顾生产者和用户的利益，从而创造出总体价值最高的产品。

4)价值工程强调不断改革和创新，开拓新构思和新途径，获得新方案，创造新功能载体，从而简化产品结构，节约原材料，节约能源，绿色环保，提高产品的技术经济效益。

5)价值工程要求将功能定量化，即将功能转化为能够与成本直接相比的量化值。

6)价值工程是以集体的智慧开展有计划、有组织的管理活动。开展价值工程，要组织科研、设计、制造、管理、采购、供销、财务等各方面有经验的人员参加，组成一个智力结构合理的集体。发挥各方面、各环节人员的知识、经验和积极性，博采众长地进行产品设计，以达到提高产品价值的目的。

(2)提高产品价值的途径。由于价值工程以提高产品价值为目的，这既是用户的需要(侧重于功能)，又是生产经营者追求的目标(侧重于成本)。两者根本利益是一致的。因此，企业应当研究产品功能和成本之间的最佳匹配。因价值工程的基本原理是 $V=F/C$，价值与功能成正比，与成本成反比。功能越高，成本越低，价值就越大。价值工程是根据功能与成本的比值来判断产品的经济效益的，它的目标是提高产品的价值。具体来说，可以通过下列途径提高产品的价值。

1)双向型——在提高产品功能的同时，又降低产品成本。其表达式为

$$V\uparrow\uparrow=\frac{F\uparrow}{C\downarrow}$$

在提高功能的同时进一步降低成本，使价值大幅度的提高。这是提高产品价值最为理想的途径，但也是最难实现的途径，对生产者要求较高，往往需要借助科学技术的突破(如新的科技成果、新的发明创造)才能实现。

2)改进型——在产品成本不变的条件下，提高产品的功能。其表达式为

$$V\uparrow=\frac{F\uparrow}{C}$$

在不增加产品成本的前提下，通过提高功能来提高产品的功能。该途径一般可以通过产品的技术改造、工艺改造等方式，在成本不变的情况下提高产品的功能。

3)节约型——在保持产品功能不变的前提下，降低产品的成本。其表达式为

$$V\uparrow=\frac{\overline{F}}{C\downarrow}$$

在保证产品原有功能不变的情况下，通过降低产品的成本来提高产品价值。这是提高产品价值的一条常用途径。通过挖掘潜力，用标准件代替非标准件、寻找替代材料、降低

废品、减少库存等物资消耗，在保证质量的前提下降低成本。

4）投资型——产品成本小幅度增加，功能有大幅度增加。其表达式为

$$V\uparrow = \frac{F\uparrow\uparrow}{C\uparrow}$$

通过增加少量成本，使产品功能有较大幅度的提高，从而提高产品的价值。对于一些技术改造项目和工艺革新项目，使用了新设备、新材料，产品成本有所提高，但产品的功能得到大大的提高，因此价值也有所提高。

5）牺牲型——产品功能小幅度降低，成本大大降低。其表达式为

$$V\uparrow = \frac{F\downarrow}{C\downarrow\downarrow}$$

在不影响产品基本功能的前提下，适当降低一些次要功能，使产品的成本大幅度下降，也可达到提高产品价值的目的。这条途径可以根据不同层次消费者的需求来设计产品的功能。对于较低层次的消费者，可以取消一些奢侈功能，而仅保留基本功能，从而降低成本。

（3）价值工程的主要应用。价值工程的主要应用可以概括为以下两大方面。

1）应用于方案评价。既可以在多方案中选择价值较高的方案，也可以选择价值较低的对象作为改进对象。

2）寻求提高产品或对象价值的途径。在产品形成的各个阶段，都可应用价值工程提高产品或对象的价值。但应注意的是，在不同阶段进行价值工程活动，其经济效果的提高幅度也大不相同。对于大型复杂的产品，应用价值工程的重点是在产品的研究、设计阶段，产品的设计图纸一旦完成并投入生产后，产品的价值就已经基本确定，这时再进行价值工程分析就变得更加复杂。不仅原来的许多工作成果要付之东流，而且改变生产工艺，设备工具等可能会造成很大的浪费，使价值工程活动的技术经济效果大大下降。因此，价值工程活动更侧重在产品的研究、设计阶段，以寻求技术突破，取得最佳的综合效果。

7.1.3 价值工程的工作程序

价值工程活动是一项集体的有组织的活动。其工作程序一般可分为准备、分析、创新、方案实施与评价四个阶段。其工作步骤实质上就是针对产品功能和成本提出问题、分析问题和解决问题的过程，见表7-1。

表7-1 价值工程的工作程序

工作阶段	工作步骤	对应问题
一、准备阶段	对象选择； 组成价值工程工作小组； 制订工作计划	1. 价值工程的研究对象是什么？ 2. 围绕价值工程对象需要做哪些准备工作

工作阶段	工作步骤	对应问题
二、分析阶段	收集整理资料； 功能定义； 功能整理； 功能评价	3. 价值工程对象的功能是什么？ 4. 价值工程对象的成本是什么？ 5. 价值工程对象的价值是什么
三、创新阶段	方案创造； 方案评价； 提案编写	6. 有无其他方法可以实现同样功能？ 7. 新方案的成本是什么？ 8. 新方案能满足要求吗
四、方案实施与 评价阶段	方案审批； 方案实施； 成果评价	9. 如何保证新方案的事实？ 10. 价值工程活动的效果如何

(1)对象选择。价值工程活动的主要途径是进行分析，对象选择是在总体中确定功能分析的对象。它是根据企业、市场的需要，从得到效益出发来分析确定的。对象选择的基本原则是：在生产经营上迫切的必要性；在改进功能、降低成本上取得较大成果的潜力。

(2)收集整理资料。围绕选定的对象，收集一切开展价值工程有用的情报资料。

(3)功能整理。对功能下定义，进行功能分类和整理，目的是弄清楚哪些是基本功能，哪些应该补充，哪些应该改进，哪些应该取消。

(4)功能评价。其目的是寻求实现功能的最低成本。它是用量化手段来描述功能的重要程度和价值，以找出低价值区域，明确实施价值工程的目标、重点和大致的经济效果。功能评价的主要尺度是价值系数，可由功能和费用来求得。此时，要将功能用成本来表示，以此将功能量化，并可确定与功能的重要程度相对应的功能成本。

(5)方案创新。以提高功能为中心，发挥专家的创造力，依靠集体智慧，尽量多地提出设想和方案。

(6)方案评价。对提出的设想方案进行技术可行性及经济合理性概略评价，通过筛选淘汰，选其有价值者。

(7)方案试验和提案。为了确保选用的方案是先进可行的，必须对选出的最优方案进行试验。试验的内容有方案的规格和条件是否合理、恰当，方案的优缺点是否确切，存在的问题有无进一步解决的措施；并将选出方案及有关技术经济资料写成正式提案。

(8)成果评价。在方案实施以后，需要对实施方案的技术、经济、社会效果进行分析总结。

任务 7.2　价值工程的应用

7.2.1　对象的选择

价值工程是就某个具体对象开展的有针对性的分析评价和改进，有了对象才有分析的内容和目标。对企业来讲，凡是为获取功能而发生费用的事物，都可以作为价值工程研究对象，如产品、工艺、工程、服务或它们的组成部分等。

价值工程的对象选择过程就是逐步收缩研究范围、寻找目标、确定主攻方向的过程。因为生产建设中的技术经济问题很多，涉及的范围也很广，为了节省资金，提高效率，只有精选其中的一部分来实施，并非企业生产的全部产品，也不一定是构成产品的全部零件。因此，能否正确选择对象是价值工程收效大小与成败的关键。

一般来说，选择价值工程活动的对象，必须遵循一定的原则，运用适当的方法保证对象选择的合理。

(1)价值工程对象选择的一般原则。

1)选择设计因素多，结构复杂，体积大的产品；

2)选择造价高，占总成本比重大，而且对经济效益影响大的产品；

3)选择质量差，退货多，用户意见多的产品；

4)选择同类产品中技术指标差的产品；

5)选择对国计民生影响大的产品；

6)选择对企业生产经营目标影响大的产品和零部件；

7)选择社会需求量大，竞争激烈的产品；

8)选择寿命周期长的产品。

(2)对象选择的方法。价值工程对象选择的方法有多种，不同方法适宜于不同的价值工程对象。应根据具体情况选用适当的方法，以取得较好的效果。常用的方法有以下几种。

1)因素分析法。因素分析法又称经验分析法，是一种定性分析方法，根据分析人员的经验做出选择，简便易行。特别是在被研究对象彼此相差比较大以及时间紧迫的情况下比较适用。因素分析法的缺点是缺乏定量依据，准确性较差。对象选择的正确与否，主要决定于价值工程分析人员的经验及工作态度，有时难以保证分析质量。为了提高分析的准确程度，可以选择技术水平高、经验丰富、熟悉业务的人员，并且要发挥集体智慧，共同确定对象。也可结合决策树分析法使用。

2)ABC分析法。ABC分析法又称重点选择法或不均匀分布定律法，是一种定量分析方法，是指应用数理统计分析的方法来选择对象。这种方法由意大利经济学家帕累托提出，其基本原理为"关键的少数和次要的多数"，抓住关键的少数可以解决问题的大部分。在价值工程中，这种方法的基本思路是：首先将一个产品的各种成本（或企业各种产品）按成本的大小由高到低排列起来，绘制成费用积累分布图（图 7-2）。然后将占总成本 70%～80% 而占零部件总数 10%～20% 的零部件划分为 A 类部件；将占总成本 5%～10% 而占零部件总数 70%～80% 的零部件划分为 C 类部件；其余为 B 类。其中，A 类零部件是价值工程的主要研究对象。

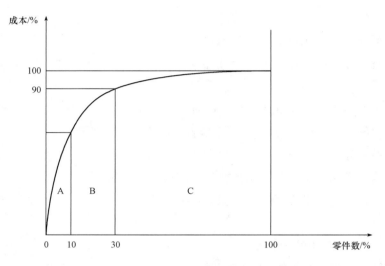

图 7-2　ABC 分析法原理

有些产品不是由各个部件组成，如工程造价等。对这类产品可按照费用构成项目分类，如可分为管理费、动力费、人工费等，将其中所占比重最大的作为价值工程的重点研究对象。

ABC 分析法抓住成本比重大的零部件或工序作为研究对象，有利于集中精力重点突破，取得较大效果，同时简便易行，因此，得到广泛使用。但在实际工作中，有时由于成本分配不合理，造成成本比重不大但用户认为更重要的对象可能被漏选或排序推后。ABC 分析法的这一缺点可以通过经验分析法、强制确定法等方法补充修正。

【例 7-1】　某产品有 16 种零件，各种零件的件数及其对应的成本见表 7-2，试用 ABC 分析法确定价值工程的重点分析对象（A 类零件）。

表 7-2　产品零件的件数与成本

零件编号	1	2	3	4	5	6	7	8	…	16	累计
件数/件	1	2	2	3	3	1	2	2	…	4	50
成本/元	60	40	30	22	8	6	5	3	…	1	200

解： 将零件按成本大小进行排列，根据零件累计件数，求占全部零件数量的百分数，根据零件的累计成本，求占全部零件成本的百分数，按 ABC 分析法划分 A、B、C 三类，A 类 1～4 号零件 8 件占 16%，成本 152 元占 76%；B 类 5～6 号零件累计 4 件占 8%，成本 14 元占 7%；C 类 38 件占 76%，成本 34 元占 17%。故选择 A 类零件作为重点分析对象，B 类可作为一般分析对象，C 类不宜作为分析对象。计算结果见表 7-3。

表 7-3　零件累计件数和累计成本占比计算表

编号	件数	累计		成本	累计		类别
		件数	%		元	%	
1	1	1	2	60	60	30.0	A
2	2	3	6	40	100	50.0	
3	2	5	10	30	130	65.0	
4	3	8	16	22	152	76.0	
5	3	11	22	8	160	80.0	B
6	1	12	24	6	166	83.0	
7	2	14	28	5	171	85.5	C
8	3	17	34	3	174	87.0	
…	…	…	…	…	…	…	
16	4	50	100	1	200	100	

3）强制确定法。强制确定法是以功能重要程度作为选择价值工程对象的一种分析方法。具体做法是：先求出分析对象的成本系数、功能系数，然后得出价值系数，以揭示分析对象的功能与成本之间是否相符。如果不相符，价值低的则被选为价值工程的研究对象。这种方法在功能评价和方案评价中也有应用。

强制确定法从功能和成本两个方面综合考虑，能够明确揭示价值工程的研究对象。但这种方法是人为打分，不能准确反映功能差距的大小，只适用于部件之间功能差别不太大且比较均匀的对象，而且一次分析的部件数目也不能太多，以不超过 10 个为宜。当部件很多时，可以先用 ABC 分析法、经验分析法选出重点部件，然后再用强制确定法细选；也可以用逐层分析法，从部件选起，然后从重点部件中选出重点零件。

提示

强制确定法是国内外应用十分广泛的方法之一，它虽然在逻辑上不十分严密，又含有定性分析的因素，确有一定的实用性。只要运用得当，在多数情况下其指示的方向与实际大致相同。

4)百分比分析法。百分比分析法是通过分析某种费用或资源对企业的某个技术经济指标的影响程度大小(百分比)来选择价值工程对象,示例见表7-4。

表7-4　百分比分析表示例

零部件	件	A	B	C	D	E	F	G	合计
材料消耗比重	%	34	29	17	10	5	3	2	100
产值比重	%	36	30	7	12	7	6	2	100

从表7-4中可以看出,C类零件材料消耗较多,但产值比重小,应选择价值功能分析对象;A、B类零件虽然材料消耗众多,但产值比重大,两者比较吻合。

5)用户评分法。用户评分法是通过比较用户对产品的各项功能指标的重要程度评分,选择某项功能作为价值工程分析对象。具体做法是:首先把产品的全部性能指标列出来,然后由关心产品质量的用户按百分制评分,他们认为重要的多得分,次要的少得分,最后计算所有评分结果的平均分,并得到功能重要性次序。例如,企业请用户为某种收录机打分的结果见表7-5,按功能重要性次序的排列,可选择清晰度和音量为价值工程分析对象。

表7-5　用户评分结果

得分功能 用户	清晰度	灵敏度	单量	可靠性	美观	合计
甲	28	20	28	9	15	100
乙	30	15	25	10	20	100
丙	32	16	24	10	18	100
平均得分	30	17	25.7	9.6	17.7	100
重要性次序	1	4	2	5	3	

另外,还有市场寿命周期分析法、技术经济指标分析法、价值指数法、最适合区域法等。

7.2.2　收集整理资料

收集整理资料的目的是熟悉价值工程分析的对象。一般来说,资料越多,价值提高的可能性也就越大。因为情报资料是价值工程实施过程中进行价值分析、比较、评价和决策的依据和标准。因此,在一定意义上可以说价值工程成效的大小取决于资料收集的质量、数量与适宜的时间。

收集资料的范围原则上包括产品研制、生产、流通、交换、消费全过程中的信息和数据。资料收集之后还需进行整理,并对其加以分析。需要的资料大致可分为以下内容。

（1）用户要求方面的信息。

1）用户使用产品的目的、使用环境和使用条件。

2）用户对产品性能方面的要求：

①对产品使用功能方面的要求，如建筑物的隔热、通风等；

②对产品可靠性、安全性、操作性、保养性及寿命的要求，产品过去使用中的故障、事故情况与问题；

③对产品外观方面的要求，如造型、体积和色调等。

3）用户对产品价格、交货期限、技术服务等方面的要求。

（2）销售方面的信息。

1）产品销售的历史资料，目前产销情况与市场需求量的预测；

2）产品竞争的情况。目前有哪些竞争的厂家和竞争的产品，其产量、质量、销售、成本、利润情况。同类企业和同类产品的发展计划、拟增加的投资额。重新布点、扩建改建或合并调整的情况。

（3）科学技术方面的信息。

1）现有产品的研制设计历史和演变；

2）本企业和国内外同类产品的有关技术资料，如图纸、说明书、技术标准、质量情况等；

3）有关新结构、新工艺、新材料、新技术、标准化和"三废"处理方面的科技资料。

（4）制造和供应方面的信息。

1）产品制作方面的资料，如生产批量、生产能力、加工方法、工艺制备、生产节拍、检验方法、废品率、厂内运输方式、包装方法等情况；

2）原材料及外购件，外购件的种类、质量、数量、价格、材料利用率等情况；

3）供应与协作单位的布局、生产经营情况、技术水平与成本、利润、价格等情况；

4）场外运输方式及运输经营情况。

（5）成本方面的资料。产品、零部件的定额成本、工时定额、材料消耗定额、各种费用定额，材料、配件、自制半成品、厂内劳务等的厂内计划价格等。

（6）政府和社会有关部门法规、条例等方面的情况。收集资料是一项很重要而且很细致、很复杂的工作。因此，首先必须有目的有计划地进行；其次必须注意资料的适用性和准确性，如果说所用信息资料不可靠或有错误，会使价值工程活动无效甚至造成损失。一般来说，有两种数据不可用：一种是在生产不正常时期形成的数据；另一种是没有如实反映生产成本的数据。

7.2.3　功能的系统分析

功能分析是价值工程活动的核心和基本内容。其通过分析信息资料，用动词和名词的组合方式简明正确地表达各对象的功能，明确功能特性要求，并绘制功能系统图，从而弄清楚产品各功能之间的关系。功能分析包括功能定义、功能整理和功能计量等内容。通过功能分析，可以准确掌握用户的功能要求。

（1）功能分类。根据功能的不同特性，可从不同角度对功能进行分类。

1）按功能的重要程度分类。产品的功能一般可以分为基本功能和辅助功能两类。基本功能就是要达到这种产品的目的所必不可少的功能，是产品的主要功能，如果不具备这种功能，这种产品就失去其存在的价值。例如，建设工程承重外墙的基本功能是承受荷载，室内隔墙的基本功能是分隔空间。辅助功能是为了更有效地实现基本功能而附加的功能，是次要功能。如墙体的隔声、隔热就是墙体的辅助功能。

2）按功能的性质分类。产品的功能可分为使用功能和美学功能。使用功能是从功能的内涵反映其使用属性，是一种动态功能；美学功能是从产品的外观反映功能的艺术属性，是一种静态的外观功能。建筑产品的使用功能一般包括可靠性、安全性和维修性等，其美学功能一般包括造型、色彩、图案等。无论是使用功能还是美学功能，都是通过基本功能和辅助功能来实现的。建筑产品构配件的使用功能和美学功能要根据产品的特点而有所侧重。有的产品应突出其使用功能，如地下电缆、地下管道等；有的应突出其美学功能，如塑料墙纸、陶瓷壁画等。当然，有的产品二者功能兼而有之。

3）按用户的需求分类。功能可分为必要功能和不必要功能。必要功能是指用户所要求的功能以及与实现用户所需求功能有关的功能，如使用功能、美学功能、基本功能、辅助功能等均为必要功能；不必要功能是不符合用户要求的功能，包括多余功能、重复功能、过剩功能三种。不必要的功能，必然产生不必要的费用，这不仅增加了用户的经济负担，还造成了资源的浪费。因此，功能分析是为了可靠地实现必要功能。对这部分功能，无论是使用功能还是美学功能，都应当充分可靠地实现，即充分满足用户必不可少的功能要求。

4）按功能的量化标准分类。产品的功能可分为过剩功能和不足功能。这是相对于功能的标准而言，从定量角度对功能采用的分类。过剩功能是指某些功能虽属必要，但满足需要有余，在数量上超过了用户要求或标准功能水平；不足功能是相对于过剩功能而言的，表现为产品整体功能或零部件功能水平在数量上低于标准功能水平，不完全满足用户要求。

总之，用户购买产品，其目的不是获得产品本身，而是通过购买该产品来获得其所需要的功能。因此，价值工程中的功能，一般是指必要功能。价值工程对产品的分析，首先是对其功能的分析，通过功能分析，弄清楚哪些功能是必要的，哪些功能是不必要的，从而在创新方案中去掉不必要功能，补充不足功能，使产品的功能结构更加合理，达到可靠地实现使用者所需功能的目的。

（2）功能定义。任何产品都具有使用价值，即功能。功能定义就是以简洁的语言对产品的功能加以描述，说明功能的实质，限定功能的内容，并与其他功能相区别。这里要求描述的是"功能"，而不是对象的结构、外形或材质。因此，功能定义的过程即是解剖分析的过程，如图7-3所示。

通过对功能定义，可以加深对产品功能的理解，并为以后提出功能代用方案提供依据。功能定义一定要抓住问题的本质，头脑里要问几个为什么，例如，这是干什么的？为什么它是必不可少的？没有它行不行？等。功能定义中应注意以下三个方面的事项。

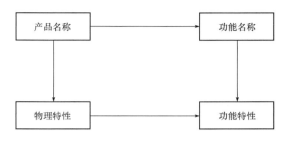

图 7-3　功能定义过程

1)功能定义是对功能本质进行思考的基础，必须做到简洁明了、准确无误。一般要求用动词和名词宾语把功能简明扼要地描述出来，主语是被描述的对象。例如，基础的功能是"承受荷载"，这里基础是功能承担体。

2)功能定义要定量化，除上述对功能进行定义描述外，应该加入数量限定词，以表明功能的大小，如提升规定质量的重物等。对不易准确量化的功能应尽量使用可测定数量的名词来定义，如提供热能、降低温度、变换速度等。其中，热能、温度、速度可按不同需要进行测量。

3)功能定义的表述要适当抽象，避免限定太死而影响创造性的发挥。例如，在提出任务时，用"压力夹紧"比"机械夹紧"的思路开阔些，采用机械的方法和采用电磁或液压的方法均可达到夹紧的目的。又如，在工件上"打孔"比"钻孔"的思路宽广些，因为打孔既可以铣孔，也可以冲孔、钻孔等，而钻孔则思路窄得多。所以，要尽量防止在功能定义中采用具体方案写实的表达方式。越是使用抽象的词汇，思路就越宽广，创造更多新方案的可能性就越大。

（3）功能整理。在进行功能定义时，只是把认识到的功能用动词加名词列出来，但因实际情况很复杂，这种表述不一定都很准确和有条理，因此，需要进一步加以整理。功能整理就是按照有关功能方面的理论，找出这些功能之间的相互关系，并用适当的方式表达出来。

1)功能整理的目的。功能整理是用系统的观点将已经定义了的功能加以系统化，找出各局部功能相互之间的逻辑关系，并用图表形式表达，以明确产品的功能系统，从而为功能评价和方案构思提供依据。它是为了真正掌握对象的必要功能，回答和解决"它的功能是什么"这样的问题的。

2)功能整理的一般程序。

①编制功能卡片，即把每一条功能定义写在一张小卡片上。

②选出最基本的功能，排在最左方，这是上位功能。

③明确各功能之间的关系，即针对最基本功能提出问题——该功能是怎样实现的？为回答这个问题，就要找出它的下位功能，并排在右边。然后又问，这个下位功能是怎样实现的？同样又找出一个下位功能，并且一直找下去。上位功能同下位功能的关系是目的同手段的关系。但目的与手段是相对的，某一个功能，是实现它的上位功能的手段，却也是它的下位功能的目的。

④对功能定义作必要的修改,补充和取消。

⑤按上下位关系,将经过调整、修改和补充的功能,排列成功能系统图。

功能系统图是按照一定的原则和方式,将定义的功能连接起来,从单个到局部,再从局部到整体而形成的一个完整的功能体系。功能系统图的一般形式如图 7-4 所示。

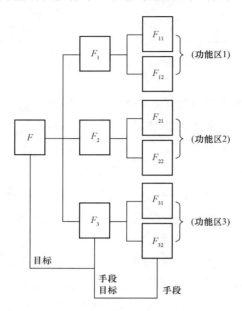

图 7-4 功能系统图的一般形式

在图 7-4 中,从整体工程 F 开始,由左向右逐级展开,在位于不同级的相邻两个功能之间,左边的功能(上级)是右边功能(下级)的目标,而右边的功能(下级)是左边功能(上级)的手段。

研究改进方案时,可以沿着系统图中功能的顺序一个一个地研究,便可以比较清楚地了解各功能之间的内在联系,从而发现不需要的功能(多余、重复的功能),纠正功能的超出部分,得知改进的地方,努力找出隐藏在整体内的无益成本。

(4)功能计量。功能计量是以功能系统图为基础,依据各个功能之间的逻辑关系,以对象整体功能的定量指标为出发点,从左向右地逐级测算、分析,确定出各级功能程度的数量指标,揭示出各级功能领域中有无功能不足或功能过剩,从而保证必要功能、剔除过剩功能、补足不足功能的后续活动(功能评价、方案创新等)提供定性与定量相结合的依据。

功能计量又可分为对整体功能的量化和对各级子功能的量化。

1)整体功能的量化。整体功能的计量应以使用者的合理要求为出发点,以一定的手段、方法确定其必要功能的数量标准,它应能在质和量两个方面充分满足使用者的功能要求而无过剩或不足。整体功能的计量是对各级子功能进行计量的主要依据。

2)各级子功能的量化。产品整体功能的数量标准确定后,就可依据"手段功能必须满足目的功能要求"的原则,运用目的——手段的逻辑判断,由上而下逐级推算、测定各级手段功能的数量标准。各级子功能的量化方法有很多，如理论计算法、技术测定法、统计分析法、类比类推法、德尔菲法等，可根据具体情况灵活运用。

7.2.4 功能评价

通过功能分析与整理明确必要功能后，价值工程的下一步工作就是功能评价。功能评价，即评定功能的价值，是指找出实现功能的最低费用作为功能的目标成本（又称功能评价值），以功能目标成本为基础，通过与功能实现成本的比较，求出两者的比值（功能价值）和两者的差异值（改善期望值），然后选择功能价值低、改善期望值大的功能作为价值工程活动的重点对象。功能评价工作可以更准确地选择价值工程研究对象，同时，制定目标成本，有利于提高价值工程的工作效率。功能评价的程序如图 7-5 所示。

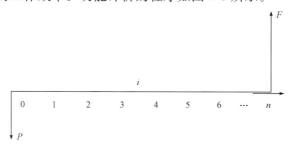

图 7-5 功能评价的程序

（1）功能现实成本 C 的计算。

1）功能现实成本的计算。在计算功能现实成本时，需要根据传统的成本核算资料，将产品或零部件的现实成本换算成功能的现实成本。具体地讲，当一个零部件只具有一个功能时，该零部件的成本就是其本身的功能成本；当一项功能要由多个零部件共同实现时，该功能的成本就等于这些零部件的功能成本之和；当一个零部件具有多项功能或与多项功能有关时，就需要将零部件成本根据具体情况分摊给各项有关功能。一项功能由若干个零部件组成或一个零部件具有几个功能的情形，见表 7-6。

表 7-6 功能现实成本计算表　　　　　　　　　　　　　　（单位：元）

零部件			功能区或功能领域					
序号	名称	成本	F_1	F_2	F_3	F_4	F_5	F_6
1	甲	300	100		100			100
2	乙	500		50	150	200		100
3	丙	60				40		20
4	丁	140	50	40			50	
		C	C_1	C_2	C_3	C_4	C_5	C_6
合计		1 000	150	90	250	240	50	220

2)成本指数的计算。成本指数是指评价对象的现实成本在全部成本中所占的比率。其计算公式为：

$$第\,i\,个评价对象的成本指数\,C_I = \frac{第\,i\,个评价对象的现实成本\,C_i}{全部成本} \qquad (7\text{-}2)$$

(2)功能评价值 F 的计算。对象的功能评价值 F（目标成本），是指可靠地实现用户要求功能的最低成本，它可以理解为是企业有把握，或者应该达到的实现用户要求功能的最低成本。从企业目标的角度来看，功能评价值可以看成是企业预期的、理想的成本目标值。功能评价值一般以货币价值形式表达。

功能的现实成本较易确定，而功能评价值较难确定。确定功能评价值的方法较多，这里仅介绍功能重要性系数评价法。

功能重要性系数评价法是一种根据功能重要性系数确定功能评价值的方法。这种方法是将功能划分为几个功能区（即子系统），并根据各功能区的重要程度和复杂程度，确定各个功能区在总功能中所占的比重，即功能重要性系数，然后将产品的目标成本按功能重要性系数分配给各功能区作为该功能区的目标成本，即功能评价值。

1)确定功能重要性系数。功能重要性系数又称功能系数或功能指数，是指评价对象（如零部件等）的功能在总功能中所占的比率。确定功能重要性系数的关键是对功能进行打分，常用的打分法有环比评分法、强制打分法（0～1 评分法、0～4 评分法）、多比例评分法、逻辑评分法等。这里主要介绍环比评分法和强制打分法。

①环比评分法。环比评分法又称 DARE 法，是一种通过确定各因素的重要性系数来评价和选择创新方案的方法。具体做法如下。

a. 根据功能系统图（图 7-6）决定评价功能的级别，确定功能区 F_1、F_2、F_3、F_4，见表 7-7 中的第(1)栏。

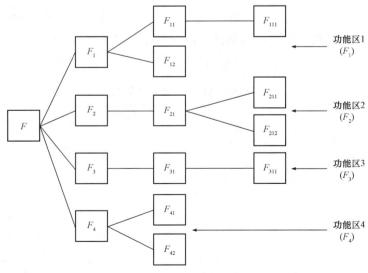

图 7-6　定量分析法确定功能区示意

表 7-7 功能重要性系数计算表

功能区	功能重要性评价		
	暂定重要性系数	修正重要性系数	功能重要性系数
(1)	(2)	(3)	(4)
F_1	1.5	9.0	0.47
F_2	2.0	6.0	0.32
F_3	3.0	3.0	0.16
F_4		1.0	0.05
合计		19.0	1.00

b. 对上下相邻两项功能的重要性进行对比打分，所打的分作为暂定重要性系数，见表 7-7 第(2)栏中的数据。将 F_1 与 F_2 进行对比，如果 F_1 的重要性是 F_2 的 1.5 倍，就将 1.5 记入第 (2)栏内，同样，F_2 与 F_3 对比为 2.0 倍，F_3 与 F_4 对比为 3.0 倍。

c. 对暂定重要性系数进行修正。首先将最下面一项功能 F_4 的重要性系数定为 1.0，称为修正重要性系数，填入第(3)栏。由第(2)栏知道，由于 F_3 的暂定重要性是 F_4 的 3.0 倍，故应得 F_3 的修正重要性系数为 3.0(3.0×1.0)，而 F_2 为 F_3 的 2.0 倍，故 F_2 定为 6.0(3.0×2.0)。同理，F_1 的修正重要性系数为 9.0(6.0×1.5)，填入第(3)栏。将第(3)栏的各数相加，即得全部功能区的总分 19.0。

d. 将第(3)栏中各功能的修正重要性系数除以全部功能总得分 19.0，即得到各功能区的重要性系数，填入第(4)栏中。如 F_1 的功能重要性系数为 9.0/19.0＝0.47，F_2、F_3、F_4 的功能重要性系数依次为 0.32、0.16 和 0.05。

环比评分法适用于各个评价对象有明显的可比关系，能直接对比，并能准确地评定功能重要性程度比值的情况。

②强制评分法。强制评分法又称 FD 法，包括 0～1 评分法和 0～4 评分法两种方法。其是采用一定的评分规则，采用强制对比打分来评定评价对象的功能重要性。

a. 0～1 评分法。0～1 评分法是请 5～15 名对产品熟悉的人员参加功能的评价，是先将构成产品的各零件(或项目因素)排列成矩阵，并站在用户的角度按功能重要程度进行一对一循环对比，两两打分，功能相对重要的零件得 1 分，不重要的得 0 分，每做一次比较有一个得 1 分，另一个得 0 分，合计各零件的得分值(取人均值)除以全部零件的得分值总和，就得出各零件的功能评价系数。系数大者，表明此零件重要，应该列为重点。

比较结果最不重要的零件的得分总值为 0，但实际上该零件不能说是没有价值，为了避免这种误差，往往可对评分值加以修正。修正的方法是在全部零件得分的基础上都各加 1 分，用修正后的得分值作为计算功能重要系数的参数。0～1 评分法示例见表 7-8。

表 7-8　0～1 评分表示例

功能区	F_1	F_2	F_3	F_4	F_5	得分	修正得分	功能重要性系数
F_1	×	0	1	1	1	3	4	4/15＝0.267
F_2	1	×	1	1	1	4	5	5/15＝0.333
F_3	0	0	×	0	1	1	2	2/15＝0.133
F_4	0	0	1	×	1	2	3	3/15＝0.200
F_5	0	0	0	0	×	0	1	1/15＝0.067
合计						10	15	1.000

　　b. 0～4 评分法。0～1 评分法虽然能判别零件的功能重要程度，但评分规则过于绝对，准确度不高，可以采用 0～4 评分法来计算功能重要性系数。0～4 评分法也是采用一对一比较打分的方法，但两零件功能得分之和为 4 分。评分规则如下：

　　(a)功能非常重要的零件得 4 分，另一个相对很不重要的得 0 分；

　　(b)功能比较重要的零件得 3 分，另一个功能比较不重要的得 1 分；

　　(c)功能相同的两个零件各得 2 分。

　　各零件的得分值除以全部零件的得分值的总和，就得到该零件的功能评价系数。0～4 评分法示例见表 7-9。

表 7-9　0～4 评分表示例

功能区	F_1	F_2	F_3	F_4	F_5	得分	功能重要性系数
F_1	×	3	3	4	4	14	14/40＝0.350
F_2	1	×	2	3	3	9	9/40＝0.225
F_3	1	2	×	3	3	9	9/40＝0.255
F_4	0	1	1	×	2	4	4/40＝0.100
F_5	0	1	1	2	×	4	4/40＝0.100
合　计						40	1.030

　　强制评分法适用于被评价对象在功能重要程度上的差异性不太大，并且评价对象子功能数目不太多的情况。

　　以各部件功能得分占总分的比例确定各部件功能评价指数：

$$第 i 个评价对象的功能指数 F_I = \frac{第 i 个评价对象的功能得分值 F_i}{全部功能得分值} \qquad (7-3)$$

功能评价指数大，说明功能重要；反之，功能评价指数小，说明功能不太重要。

　　2)确定功能评价值 F。功能评价值的确定分以下两种情况。

　　①新产品设计。一般在产品设计之前，根据市场供需情况、价格、企业利润与成本水

平，已初步设计了目标成本。因此，在功能重要性系数确定之后，就可将新产品设定的目标成本(如为800元)按已有的功能重要性系数加以分配计算，求得各个功能区的功能评价值，并将此功能评价值作为功能的目标成本，见表7-10。

表 7-10　新产品功能评价计算表

功能区(1)	功能重要性系数(2)	功能评价值 F (3)＝(2)×800
F_1	0.47	376
F_2	0.32	256
F_3	0.16	128
F_4	0.05	40
合计	1.00	800

如果需要进一步求出各功能区所有各项的功能评价值时，可采取同样的方法。

②既有产品的改进设计。既有产品应以现实成本为基础确定功能评价值，进而确定功能的目标成本。由于既有产品已有现实成本，就没有必要再假定目标成本。但是，既有产品的现实成本原已分配到各功能区中的比例不一定合理，这就需要根据改进设计中新确定的功能重要性系数，重新分配既有产品的原有成本。从分配结果看，各功能区新分配成本与原分配成本之间有差异。正确分析和处理这些差异，就能合理确定各功能区的功能评价值，求出产品功能区的目标成本，见表7-11。

表 7-11　既有产品功能评价值计算表　　　　　　　　　　(单位：元)

功能区	功能现实成本 C	功能重要性系数	根据产品现实成本与功能重要性系数重新分配的功能区成本	功能评价值 F (或目标成本)	成本降低幅度 $\Delta C＝(C-F)$
	(1)	(2)	(3)＝(2)×500	(4)	(5)
F_1	130	0.47	235	130	—
F_2	200	0.32	160	160	40
F_3	80	0.16	80	80	—
F_4	90	0.05	25	25	65
合计	500	1.00	500	395	105

表7-11中的第(3)栏是将产品的现实成本 $C＝500$，按改进设计方案的新功能重要性系数重新分配给各功能区的结果。此分配结果可能有以下三种情况。

a.功能区新分配的成本等于现实成本。如 F_3 就属于这种情况。此时应以现实成本作为功能评价值 F。

b. 新分配成本小于现时成本。如 F_2 和 F_4 就属于这种情况。此时应以新分配的成本作为功能评价值 F。

c. 新分配的成本大于现实成本。如 F_1 就属于这种情况。为什么会出现这种情况，需要进行具体分析。如果是由于功能重要性系数定高了，经过分析后可以将其适当降低。因为功能重要性系数确定过高可能会存在多余功能，如果是这样，先调整功能重要性系数，再定功能评价值。如果因为成本确实投入太少而不能保证必要功能，可以允许适当提高一些。除此之外，可用目前成本作为功能评价值 F。

(3)功能价值 V 的计算及分析。通过计算和分析对象的价值 V，可以分析成本功能的合理匹配程度。功能价值 V 的计算方法可分为两大类，即功能成本法和功能指数法。

1)功能成本法。功能成本法又称绝对值法，是通过一定的测算方法，测定实现应有功能所必须耗费的最低成本，同时计算为实现应有功能所耗费的现实成本，经过分析、对比，求得对象价值系数和成本降低期望值，确定价值工程的改进对象。其表达式如下：

$$\text{第 } i \text{ 个评价对象的价值系数 } V = \frac{\text{第 } i \text{ 个评价对象的功能评价值 } F}{\text{第 } i \text{ 个评价对象的现实成本 } C} \tag{7-4}$$

一般可采用表 7-12 进行定量分析。

表 7-12　功能评价值与价值系数计算表

项目 序号	子项目	功能重要性系数 (1)	功能评价值 (2)=目标成本×(1)	现实成本 (3)	价值系数 (4)	改善幅度 (5)=(3)-(2)
1	A					
2	B					
3	C					
...	...					
合计						

研究对象的价值计算出来以后，需要进行分析，以揭示功能与成本之间的内在联系，确定评价对象是否为功能改进的重点，以及其功能改进的方向及幅度，从而为后续方案创造工作奠定良好的基础。

根据上述计算公式，功能的价值系数计算结果有以下三种情况。

①$V=1$。即功能评价值等于功能现实成本。这表明评价对象的功能现实成本与实现功能所必需的最低成本大致相当。此时，说明评价对象的价值为最佳，一般无须改进。

②$V<1$。即功能现实成本大于功能评价值。这表明评价对象的现实成本偏高，而功能要求不高。这时，一种可能是由于存在着过剩的功能；另一种可能是功能虽无过剩，但实现功能的条件或方法不佳，以致使实现功能的成本大于功能的现实需要。这两种情况都应列入功能改进的范围，并且以剔除过剩功能及降低现实成本为改进方向，使成本与功能比例趋于合理。

③$V > 1$。即功能现实成本小于功能评价值，表明该部件功能比较重要，但分配的成本较少。此时，应进行具体分析，功能与成本的分配问题可能已较理想，或者有不必要的功能，或者应该提高成本。

应该注意一个情况，即$V = 0$时，要进一步分析。如果是不必要的功能，该部件应该取消；但如果是最不重要的必要功能，则要根据实际情况处理。

【例7-1】 某开发公司的某幢公寓建设工程，有A、B、C、D四个设计方案，经过有关专家对上述方案进行技术经济分析和论证，得到的资料见表7-13和表7-14，试运用价值工程方法优选设计方案。

表7-13 功能重要性评分表(0～4评分法) （单位：元）

方案功能	F_1	F_2	F_3	F_4	F_5
F_1	×	4	2	3	1
F_2	0	×	0	1	0
F_3	2	4	×	3	1
F_4	1	1	3	×	0
F_5	3	4	3	4	×

表7-14 方案功能得分及单方造价

方案功能	方案功能得分			
	A	B	C	D
F_1	9	10	9	8
F_2	10	10	8	9
F_3	9	9	10	9
F_4	8	8	8	7
F_5	9	7	9	6
单方造价/(元·m^{-2})	1 420.00	1 230.00	1 150.00	1 360.00

解： ①根据背景资料所给出的条件，各方案的功能重要性系数的计算结果见表7-15。

表7-15 功能重要性系数计算表

方案功能	F_1	F_2	F_3	F_4	F_5	得分	功能重要性系数
F_1	×	4	2	3	1	10	10/40＝0.250
F_2	0	×	0	1	0	1	1/40＝0.025
F_3	2	4	×	3	1	10	10/40＝0.250

方案功能	F_1	F_2	F_3	F_4	F_5	得分	功能重要性系数
F_4	1	1	3	×	0	5	5/40＝0.125
F_5	3	4	3	4	×	14	14/40＝0.350
合　计						40	1.000

②计算功能系数，各方案的功能系数的计算结果见表 7-16。

表 7-16　功能系数计算表　（单位：元）

方案功能	功能重要性系数	方案功能加权得分			
		A	B	C	D
F_1	0.250	9×0.250＝2.25	10×0.250＝2.50	9×0.250＝2.25	8×0.250＝2.00
F_2	0.025	10×0.025＝0.25	10×0.025＝0.25	8×0.025＝0.20	9×0.025＝0.225
F_3	0.250	9×0.250＝2.25	9×0.250＝2.25	10×0.250＝2.50	9×0.250＝2.25
F_4	0.125	8×0.125＝1.00	8×0.125＝1.00	8×0.125＝1.00	7×0.125＝0.875
F_5	0.350	9×0.350＝3.15	7×0.350＝2.45	9×0.350＝3.15	6×0.350＝2.10
合　计		8.90	8.45	9.10	7.45
功能系数		8.90/33.90＝0.263	8.45/33.90＝0.249	9.10/33.90＝0.268	7.45/33.90＝0.220

注：各方案功能加权得分之和为：8.90＋8.45＋9.10＋7.45＝33.90。

③计算成本系数，各方案的成本系数的计算结果见表 7-17。

表 7-17　成本系数计算表

方案	A	B	C	D	合计
单方造价/(元·m^{-2})	1 420.00	1 230.00	1 150.00	1 360.00	5 160.00
成本系数	0.275	0.238	0.223	0.264	1.000

注：方案 A 的成本系数 C_A＝1 420.00/5 160.00＝0.275，其他方案的成本系数计算与方案 A 相同。

④计算价值系数，各方案的价值系数的计算结果见表 7-18。

表 7-18　价值系数计算表

方案	A	B	C	D
功能系数	0.263	0.249	0.268	0.220
成本系数	0.275	0.238	0.223	0.264
价值系数	0.956	1.046	1.202	0.833

注：方案 A 的价值系数 V_A＝0.263/0.275＝0.956，其他方案的价值系数计算与方案 A 相同。

⑤优选方案：A、B、C、D 四个方案中，以方案 C 的价值系数最高，故方案 C 为最优方案。

2)功能指数法。功能指数法又称相对值法，在功能指数法中，功能的价值用价值指数 V_I 来表示，它是通过评定各对象功能的重要程度，用功能指数来表示功能程度的大小，然后将评价对象的功能指数与相对应的成本指数进行比较，得出该评价对象的价值指数，从而确定改进对象，并求出该对象的成本改进期望值。其表达式如下：

$$第 i 个评价对象的价值指数 V_I = \frac{第 i 个评价对象的功能指数 F_I}{第 i 个评价对象的成本指数 C_I} \qquad (7-5)$$

功能指数法的特点是用归一化数值来表达功能程度的大小，以便使系统内部的功能与成本具有可比性，由于评价对象的功能水平和成本水平都用它们在总体中所占的比率来表示，这样就可以方便地应用式 7-5 定量地表达评价对象价值的大小。因此，在功能指数法中，价值指数是作为评定对象功能价值的指标。

根据功能指数和成本指数计算价值指数，可以通过列表进行，见表 7-19。

表 7-19　价值指数计算表　　　　　　　　　　　　　（单位：元）

零部件功能	功能指数(1)	现实成本(2)	成本指数(3)	价格指数(4)=(1)/(3)
A				
B				
C				
…				
合计	1.00		1.00	

价值指数的计算结果有以下三种情况。

①$V_I = 1$。此时评价对象的功能比重与成本比重大致平衡，可以认为功能的现实成本是比较合理的。

②$V_I < 1$。评价对象的成本比重大于其功能比重，表明相对于系统内的其他对象而言，目前所占的成本偏高，从而会导致该对象的功能过剩。应将评价对象列为改进对象，改善方向主要是降低成本。

③$V_I > 1$。此时评价对象的成本比重小于其功能比重。出现这种情况的原因可能有三种：第一种，由于现实成本偏低，不能满足评价对象实现其应具有的功能要求，致使对象功能偏低，这种情况应列为改进对象，改善方向是增加成本；第二种，对象目前具有的功能已经超过其应该具有的水平，即存在过剩功能，这种情况也应列为改进对象，改善方向是降低功能水平；第三种，对象在技术、经济等方面具有某些特征，在客观上存在着功能很重要而消耗的成本却很少的情况，这种情况一般不列为改进对象。

(4)确定 VE 对象的改进范围。对产品部件进行价值分析，就是使每个部件的价值系数（或价值指数）尽可能趋近于 1，根据此标准，就明确了改进的方向、目标和具体范围。确定对象改进范围的原则如下。

1)F/C 值低的功能区域。计算出来的 $V<1$ 的功能区域，基本上都应进行改进，特别是 V 值比 1 小得较多的功能区域，应力求使 $V=1$；

2)$C-F$ 值大的功能区域。通过核算和确定对象的实际成本和功能评价值，分析、测算成本改善期望值，从而排列出改进对象的重点及优先次序。成本改善期望值的表达式为：

$$\Delta C=C-F \tag{7-6}$$

式中　ΔC——成本改善期望值，即成本降低幅度。

当 n 个功能区域的价值系数同样低时，就要优先选择 ΔC 数值大的功能区域作为重点对象。一般情况下，当 ΔC 大于零时，ΔC 大者为优先改进对象。从表 7-11 可见，F_4、F_2 即价值工程优先选择的改进对象。

3)复杂的功能区域。复杂的功能区域说明其功能是通过采用很多零件来实现的。一般来说，复杂的功能区域其价值系数(或价值指数)也较低。

7.2.5　方案创造及评价

(1)方案创造。方案创造是从提高对象的功能价值出发，在正确的功能分析和评价的基础上，针对应改进的具体目标，通过创造性的思维活动，提出能够可靠地实现必要功能的新方案。从价值工程实践来看，方案创造是决定价值工程成败的关键。

方案创造的理论依据是功能载体具有替代性。这种功能载体替代的重点应放在以功能新产品替代原有产品和以功能创新的结构替代原有结构方案。而方案创造的过程是思想高度活跃、进行创造性开发的过程。为了引导和启发创造性的思考，可采用以下几种方法。

1)头脑风暴(Brain Storming，BS)法。头脑风暴法是指自由奔放的思考问题。具体地说，就是由对改进对象有较深了解的人员组成的小集体在非常融洽和不受任何限制的气氛中进行讨论、座谈，打破常规、积极思考、互相启发、集思广益，提出创新方案。这种方法可使获得的方案新颖、全面，富于创造性，并可以防止片面和遗漏。

2)哥顿(Gorden)法。哥顿法也是会议上提方案，但究竟研究什么问题，目的是什么，只有会议的主持人知道，以免其他人受约束。例如，想要研究试制一种新型剪板机，主持会议者请大家就如何把东西切断和分离提出方案。当会议进行到一定时机，再宣布会议的具体要求，在此联想的基础上研究和提出各种新的具体方案。

这种方法的指导思想是把要研究的问题适当抽象，以利于拓展思路。在研究新方案时，会议主持人开始并不全部摊开要解决的问题，而只是对大家作一番抽象笼统的介绍，要求大家提出各种设想，以激发出有价值的创新方案。这种方法要求会议主持人机智灵活、提问得当。提问太具体，容易限制思路；提问太抽象，方案可能离题太远。

3)专家意见法。专家意见法又称德尔菲(Delphi)法，是由组织者将研究对象的问题和要求，函寄给若干有关专家，使他们在互不商量的情况下提出各种建议和设想，专家返回设想和意见，经整理和分析后，归纳出若干较合理的方案和建议，再函寄给有关专家征求意见，再回收整理，如此经过几次反复后专家意见趋向一致，从而最后确定出新的功能实现方案。这种方法的特点是专家们彼此不见面，研究问题时间充裕，可以无顾虑、不受约束地从各种角度提出意见和方案；缺点是花费时间较长，缺乏面对面的交谈和商议。

4)专家检查法。该方法不是靠大家想办法，而是由主管设计的工程师做出设计，提出完成所需要功能的办法和生产工艺，然后顺序请各方面的专家(材料方面的、生产工艺的、工艺设备的、成本管理的、采购方面的)审查。这种方法先由熟悉的人进行审查，以提高效率。

(2)方案评价。在方案创造阶段提出的设想和方案是多种多样的，能否付诸实施，就必须对各个方案的优缺点和可行性进行分析、比较、论证和评价，并在评价过程中进一步完善有希望的方案。方案评价包括概略评价和详细评价两个阶段。其评价内容都包括技术评价、经济评价、社会评价及综合评价，如图 7-7 所示。

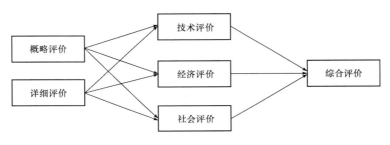

图 7-7　方案评价步骤示意

在对方案进行评价时，无论是概略评价还是详细评价，一般可先进行技术评价，再分别进行经济评价和社会评价，最后再进行综合评价。

1)概略评价。概略评价是对方案创新阶段提出的各个方案设想进行初步评价，目的是淘汰明显不可行的方案，筛选出少数几个价值较高的方案，以供详细评价作进一步分析。概略评价的内容包括以下几个方面：

①技术可行性方面，应分析和研究创新方案能否满足所要求的功能及其本身在技术上能否实现；

②经济可行性方面，应分析和研究产品成本能否降低和降低的幅度，以及实现目标成本的可能性；

③社会评价方面，应分析研究创新方案对社会利害影响的大小；

④综合评价方面，应分析研究创新方案能否使价值工程活动对象的功能和价值有所提高。

2)详细评价。详细评价是在掌握大量数据资料的基础上，对通过概略评价的少数方案，从技术、经济、社会三个方面进行详尽的评价分析，为提案的编写和审批提供依据。详细评价的内容应包括以下几个方面：

①技术可行性方面，主要以用户需要的功能为依据，对创新方案的必要功能条件实现的程度做出分析评价，特别对产品或零部件，一般要对功能的实现程度(包括性能、质量、寿命等)、可靠性、维修性、操作性、安全性及系统的协调性等进行评价；

②经济可行性方面，主要考虑成本、利润、企业经营的要求，创新方案的适用期限与数量，实施方案所需费用、节约额与投资回收期以及实现方案所需的生产条件等；

③社会评价方面，主要研究和分析创新方案给国家和社会带来的影响（如环境污染、生态平衡、国民经济效益等）；

④综合评价方面，是在上述三种评价的基础上，对整个创新方案的诸因素做出全面系统的评价。因此，首先要明确评价项目，即确定评价所需的各种指标和因素；然后分析各个方案对每一评价项目的满足程度；最后再根据方案对各评价项目的满足程度来权衡利弊，判断各方案的总体价值，从而选出总体价值最大的方案，即技术上先进、经济上合理和社会上有利的最优方案。

3）方案综合评价法。用于方案综合评价的方法有很多，常用的定性方法有德尔菲法、优缺点列举法等；常用的定量分析方法有直接评分法、加权评分法、比较价值评分法、环比评分法、强制评分法、几何平均值评分法等。下面简要介绍几种方法。

①优缺点列举法。把每一个方案在技术上、经济上的优缺点详细列出，进行综合分析，并对优缺点作进一步调查，用淘汰法逐步缩小考虑范围，从范围不断缩小的过程中找出最后的结论。

②直接评分法。根据各种方案能够达到各项功能要求的程度，按 10 分制（或 100 分制）评分，然后算出每个方案达到功能要求的总分，比较各方案总分，做出采纳、保留、舍弃的决定，再对采纳、保留的方案进行成本比较，最后确定最优方案。

③加权平均法。加权平均法又称矩阵评分法，这种方法是将功能、成本等各种因素，根据要求的不同进行加权计算，权重应根据它在产品中所处的地位而定，算出综合分数，最后与各方案寿命期成本进行综合分析，选择最优方案。加权评分法主要包括以下四个步骤：

a. 确定评价项目及其权重系数；

b. 根据各方案对各评价项目的满足程度进行评分；

c. 计算各方案的评分权数和；

d. 计算各方案的价值系数，以较大的为优。

方案经过评价，不满足要求的就淘汰，有价值的就保留。

提高产品价值
途径应用示例

7.2.6　方案实施与评价

通过综合评价选出的方案，报送决策部门审批后便可实施。为了保证方案顺利实施，应做到四个落实，具体如下。

（1）组织落实。即要把具体的实施方案落实到职能部门和有关人员。

（2）经费落实。即要把实施方案所需经费的来源和使用安排落实好。

（3）物质落实。即要把实施方案所需的物资、装备等落实好。

（4）时间落实。即要把实施方案的起止时间及各阶段的时间妥善安排好。

在方案实施过程中，应该对方案的实施情况进行检查，发现问题及时解决。方案实施完成后，要进行总结评价和验收。

【例 7-2】 某市高新技术开发区有两栋科研楼和一栋综合楼，其设计方案对比项目如下。

方案 A：结构方案为大柱网框架轻墙体系，采用预应力大跨度叠合楼板，墙体材料采用多孔砖及移动式可拆装式分室隔墙，窗户采用中空玻璃塑钢窗，面积利用系数为 93%，单方造价为 1 438 元/m^2。

方案 B：结构方案同方案 A，墙体采用内浇外砌，窗户采用单玻璃塑钢窗，面积利用系数为 87%，单方造价为 1 108 元/m^2。

方案 C：结构方案采用砖混结构体系，采用多孔预应力板，墙体材料采用标准黏土砖，窗户采用双玻璃塑钢窗，面积利用系数为 79%，单方造价为 1 082 元/m^2。

方案各功能的权重及各方案的功能得分见表 7-20。

表 7-20　各方按功能权重及得分表

功能项目	功能权重	各方案功能得分		
		A	B	C
结构体系	0.25	10	10	8
楼板类型	0.05	10	10	9
墙体材料	0.25	8	9	7
面积系数	0.35	9	8	7
窗户类型	0.10	9	7	8

问题：

1. 试应用价值工程方法选择最优方案。

2. 为控制工程造价和进一步降低费用，拟针对所选的最优设计方案的土建工程部分，以工程材料费为对象开展价值工程分析。将土建工程划分为四个功能项目，各功能项目得分值及其目前成本见表 7-21。按限额设计要求，目标成本额应控制在 12 170 万元。

表 7-21　功能项目得分及目前成本表

功能项目	功能得分	目前成本/万元
A. 桩基围护工程	10	1 520
B. 地下室工程	11	1 485
C. 主体结构工程	35	4 705
D. 装饰工程	38	5 105
合　　计	94	12 815

试分析各功能项目的目标成本及其可能降低的额度，并确定功能改进顺序。

3. 若某承包商以表 7-21 中的总成本加 3.98% 的利润报价(不含税)中标并与业主签订了固定总价合同，而在施工过程中该承包商的实际成本为 12 170 万元，则该承包商在该工程上的实际利润为多少？

4. 若要使实际利润率达到 10%，成本降低额应为多少？

解：

问题 1·分别计算各方案的功能指数、成本指数和价值指数，并根据价值指数选择最优方案。

(1)计算各方案的功能指数，见表 7-22。

表 7-22　功能指数计算表*

功能项目	功能权重	各方案功能得分		
		A	B	C
结构体系	0.25	10×0.25＝2.50	10×0.25＝2.50	8×0.25＝2.00
楼板类型	0.05	10×0.05＝0.50	10×0.05＝0.50	9×0.05＝0.45
墙体材料	0.25	8×0.25＝2.00	9×0.25＝2.25	7×0.25＝1.75
面积系数	0.35	9×0.35＝3.15	8×0.35＝2.80	7×0.35＝2.45
窗户类型	0.10	9×0.10＝0.90	7×0.10＝0.70	8×0.10＝0.80
合　　计		9.05	8.75	7.45
功能指数		9.05/25.25＝0.358	8.75/25.25＝0.347	7.45/25.25＝0.295

注"*"：各方案功能加权得分之和为：9.05＋8.75＋7.45＝25.25

(2)计算各方案的成本指数，见表 7-23 所示。

表 7-23　成本指数计算表　　　　　　　　（单位：元）

方案	A	B	C	合计
单方造价/(元·m⁻²)	1 438	1 108	1 082	3 628
成本指数	0.396	0.305	0.298	0.999

(3)计算各方案的价值指数，见表 7-24。

表 7-24　价值指数计算表

方案	A	B	C
功能指数	0.358	0.347	0.295
成本指数	0.396	0.305	0.298
价值指数	0.904	1.138	0.990

由表 7-24 的计算结果可知，B 方案的价值指数最高，故 B 方案为最优方案。

问题 2·根据表 7-21 所列数据，分别计算桩基围护工程、地下室工程、主体结构工程和装饰工程的功能指数、成本指数和价值指数；再根据给定的总目标成本额，计算各工程内容的目标成本额，从而确定其成本降低额度。具体计算结果汇总见表 7-25。

表 7-25　功能指数、成本指数、价值指数和目标成本降低额计算表

功能项目	功能评分	功能指数	目前成本/万元	成本指数	价值指数	目标成本/万元	成本降低额/万元
桩基围护工程	10	0.106 4	1 520	0.118 6	0.897 1	1 295	225
地下室工程	11	0.117 0	1 482	0.115 7	1.011 2	1 424	58
主体结构工程	35	0.372 3	4 705	0.367 2	1.013 9	4 531	174
装饰工程	38	0.404 3	5 105	0.398 5	1.014 6	4 920	185
合　　计	94	1.000 0	12 182	1.000 0		12 170	642

由表 7-25 的计算结果可知，桩基围护工程、地下室工程、主体结构工程和装饰工程均应通过适当方式降低成本。根据成本降低额的大小，功能改进顺序依次为桩基围护工程、装饰工程、主体结构工程、地下室工程。

问题 3·该承包商在该工程上的实际利润率＝实际利润额/实际成本额

$$＝(12\ 812×3.98\%＋12\ 812－12\ 170)/12\ 170$$
$$＝9.47\%$$

问题 4·设成本降低额为 x 万元，则

$$(12\ 182×3.98\%＋x)/(12\ 812－x)＝10\%$$

解得 $x＝701.17$ 万元

因此，若要使实际利润率达到 10%，成本降低额应为 701.17 万元。

➤ 项目小结

价值工程也称价值分析，是指以产品或作业的功能分析为核心，以提高产品或作业的价值为目的，力求以最低寿命周期成本实现产品或作业使用所要求的必要功能的一项有组织的创造性活动。价值工程的对象选择过程就是逐步收缩研究范围、寻找目标、确定主攻方向的过程。从一定意义上可以说，价值工程成果的大小取决于情报收集的质量、数量和时间。功能分析是价值工程活动的基本内容。从功能上入手，系统的对产品进行研究和分析是价值工程活动的核心。功能评价就是确定功能的现实成本、目标成本、目标成本与现实成本的比值、现实成本与目标成本的差值及根据价值系数或上述差值选择价值工程对象的功能领域。方案创造，就是从改善对象的价值出发，针对应改进的具体目标，依据已建

立的功能系统图和功能目标成本，通过创造性的思维活动，提出实现功能的各种改进方案。方案评价是对创新阶段提出的设想和方案的优缺点和可行性做分析、比较、论证和评价，并在评论过程中对有希望的方案进一步完善的过程。

项目练习

一、单项选择题

1. 价值工程的目标是以最低的寿命周期成本实现使用者所需最高功能。产品的寿命周期成本组成不包括(　　)。

A. 生产成本　　　　　　　　　　　B. 使用成本

C. 维护成本　　　　　　　　　　　D. 经营成本

2. 价值工程中，确定产品价值高的标准是(　　)。

A. 成本低，功能大　　　　　　　　B. 成本低，功能小

C. 成本高，功能大　　　　　　　　D. 成本高，功能小

3. 价值工程中，"价值"的含义是(　　)。

A. 利润/成本　　　　　　　　　　　B. 成本/利润

C. 成本/功能　　　　　　　　　　　D. 功能/成本

4. 在某围堰筑坝的设计中，原设计为土石坝，造价在 2 000 万元以上。通过对钢渣分析最后决定用钢渣代替抛石，建成了钢渣黏土夹心坝。事实证明，该大坝既保持了原有的稳定坚固的功能，又节省了投资 700 万元。根据价值工程原理，这体现了提高价值的(　　)的途径。

A. 功能提高，成本不变　　　　　　B. 功能不变，成本降低

C. 功能提高，成本降低　　　　　　D. 功能成本都提高，但功能提高幅度更大

5. 价值工程是着重于(　　)的有组织的活动。

A. 价格分析　　　　　　　　　　　B. 功能分析

C. 成本分析　　　　　　　　　　　D. 产品价值分析

6. 价值工程的目标表现为(　　)。

A. 产品价值的提高　　　　　　　　B. 产品功能的提高

C. 产品功能与成本的协调　　　　　D. 产品价值与成本的协调

7. 一般来说，随产品质量的提高，产品在使用过程中的维修费将呈(　　)趋势。

A. 上升　　　　　　　　　　　　　B. 下降

C. 平衡　　　　　　　　　　　　　D. 不确定

8. 根据价值工程原理，提高产品价值最理想的途径是(　　)。

A. 产品功能有较大幅度提高，产品成本有较少提高

B. 在产品成本不变的条件下，提高产品功能

C. 在提高产品功能的同时，降低产品成本

D. 在保持产品功能不变的前提下，降低成本

9. 价值工程应注重于(   )阶段。

A. 研制设计   B. 试制

C. 生产   D. 使用和寿命终结

10. 价值工程的核心是(   )。

A. 对象选择   B. 方案制订

C. 功能分析   D. 效果评价

11. 价值工程的总成本是(   )。

A. 生产成本   B. 使用成本

C. 产品寿命周期成本   D. 使用与维修费用成本

12. 在价值工程的工作程序中，功能评价阶段的主要工作内容是(   )。

A. 确定价值工程的研究对象   B. 整理和定义研究对象的功能

C. 确定研究对象的成本和价值   D. 分析实现研究对象功能的途径

13. 关于价值工程原理的描述，下列不正确的是(   )。

A. 价值是指研究对象的使用价值

B. 目的是提高研究对象的比较价值

C. 核心是对研究对象进行各功能分析

D. 价值工程中的成本是指研究对象建造、制造阶段的全部费用

14. 原计划用煤渣打一地坪，造价为 50 万元以上，后经分析用工程废料代替煤渣，既保持了原有的坚实功能，又能节省投资 20 万元，根据价值工程原理提高价值的途径是(   )。

A. 投资型   B. 节约型

C. 双向型   D. 牺牲型

15. 运用价值工程优选设计方案，分析计算结果为：方案一的单方造价为 1 500 元，价值系数为 1.13；方案二的单方造价为 1 550 元，价值系数为 1.25；方案三的单方造价为 1 300 元，价值系数为 0.89；方案四的单方造价为 1 320 元，价值系数为 1.08；则最佳方案为(   )。

A. 方案一   B. 方案二

C. 方案三   D. 方案四

二、多项选择题

1. 在实施价值工程时，方案创新常用的方法有(   )。

A. 头脑风暴法   B. 模糊目标法

C. 专家建议法   D. 专家检查法

E. 综合评分法

2. 在设计阶段，实施价值工程的步骤有(   )。

A. 功能分析   B. 功能评价

C. 方案创新   D. 方案评价

E. 方案实施与检查

3. 通过( )等途径可以提高价值。

A. 提高功能、降低造价   B. 降低功能、提高造价

C. 功能不变的情况下降低造价   D. 造价不变的情况下提高功能

E. 功能提高20%，造价提高10%

4. 价值工程对象选择的方法有很多种，常用的方法包括( )。

A. 因素分析法   B. ABC分析法

C. 强制确定法   D. 百分比分析法

E. 问卷调查法

5. 计算功能价值，对成本功能的合理匹配程度进行分析，若零部件的价值系数小于1，表明该零部件有可能( )。

A. 成本支出偏高   B. 成本支出偏低

C. 功能过剩   D. 功能不足

E. 成本支出与功能相当

三、简答题

1. 简述价值工程的工作程序。

2. 价值工程对象的选择有哪些方法？

3. 功能评价的步骤主要是什么？有哪些方法？

4. 方案创造的原则是什么？

5. 方案评价分为哪几个阶段？如何进行方案评价？

四、技能练习

造价工程师在某开发公司的某栋公寓建筑工程中，采用价值工程的方法对该工程的设计方案和编制的施工方案进行了全面的技术经济评价，取得了良好的经济效益和社会效益。有四个设计方案 A、B、C、D，经有关专家对上述方案根据评价指标 $F_1 \sim F_5$ 进行技术经济分析和论证，得出如下资料，见附表1和附表2。

附表1   0~4评分表

方案功能	F_1	F_2	F_3	F_4	F_5
F_1	×	4	2	3	1
F_2	0	×	1	0	2
F_3	2	3	×	3	2
F_4	1	4	1	×	1
F_5	3	2	1	3	×

方案功能	方案功能得分			
	A	B	C	D
F_1	9	10	9	8
F_2	10	10	8	9
F_3	9	9	10	9
F_4	8	8	8	7
F_5	9	7	9	6
单方造价/(元·m^{-2})	1 420	1 230	1 150	1 360

问题：

(1)计算功能重要性系数；

(2)计算功能系数、成本系数、价值系数并选择最优设计方案。

参 考 文 献

[1]刘晓君．工程经济学[M]．2 版．北京：中国建筑工业出版社，2011．

[2]宋国防，贾湖．工程经济学[M]．天津：天津大学出版社，2002．

[3]毛艺华．建筑工程经济[M]．2 版．杭州：浙江大学出版社，2012．

[4]黄渝祥，邢爱芳．工程经济学[M]．3 版．上海：同济大学出版社，2005．

[5]刘玉明．工程经济学[M]．北京：清华大学出版社，2006．

[6]姜早龙．工程经济学[M]．长沙：中南大学出版社，2005．

[7]杨克磊．工程经济学[M]．上海：复旦大学出版社，2007．

[8]何伯森．国际工程合同管理[M]．北京：中国建筑工业出版社，2005．

[9]危道军，刘志强．工程项目管理[M]．武汉：武汉理工大学出版社，2004．

[10]尹贻林．工程造价与控制[M]．北京：中国计划出版社，2003．

[11]李慧民．建筑工程经济与项目管理[M]．北京：冶金工业出版社，2004．